SCHÄFFER
POESCHEL

Frank Althoff / Stephanie Hanrath / Martin Schmidt

Kennzahlen und Formeln für die BWL

2013
Schäffer-Poeschel Verlag Stuttgart

Prof. Dr. Frank Althoff, Prof. Dr. Stephanie Hanrath, Prof. Dr. Martin Schmidt,
Technische Hochschule Mittelhessen (THM) Gießen

MIX
Papier aus verantwortungsvollen Quellen
FSC® C019821

Gedruckt auf chlorfrei gebleichtem, säurefreiem und alterungsbeständigem Papier

Bibliografische Information der Deutschen Nationalbibliothek
Die Deutsche Nationalbibliothek verzeichnet diese Publikation in der Deutschen Nationalbibliografie; detaillierte bibliografische Daten sind im Internet über http://dnb.d-nb.de abrufbar.

ISBN 978-3-7910-3276-4

www.schaeffer-poeschel.de
info@schaeffer-poeschel.de

Einbandgestaltung: Jessica Joos (Foto: Shutterstock.com)
Satz: Dörr + Schiller GmbH, Stuttgart
Druck und Bindung: C.H.Beck, Nördlingen

Printed in Germany
April 2013

Schäffer-Poeschel Verlag Stuttgart
Ein Tochterunternehmen der Verlagsgruppe Handelsblatt

Vorwort

Die Betriebswirtschaftslehre stellt als anwendungsbezogene Sozialwissenschaft ein breites Feld dar, das man sich auf verschiedenen Wegen erschließen kann. Einer davon ist die analytische Seite, die theoretische Erkenntnisse und praktische Erfahrungen in Formeln und Kennziffern zusammenfasst.
Keine Formel kann bedingungslos eingesetzt werden, keine Kennziffer enthält endgültige Wahrheiten. Aber sie werfen in ihrer Gesamtheit ein System von Knotenpunkten aus, die zu einem Netz von Zusammenhängen verknüpft werden können. Dazu soll die vorliegende Sammlung einen Beitrag leisten. Eine solche Formelsammlung kann keine Lehrbücher zur Allgemeinen Betriebswirtschaftslehre ersetzen. Sie soll sie vielmehr auf analytischer Erkenntnisebene ergänzen.
Der Aufbau orientiert sich am gängigen Fächerkanon, wie er in separaten Modulen oder Teilgebieten im allgemeinen Teil betriebswirtschaftlicher Bachelorstudiengänge gelehrt wird. Die vorgestellten Konzepte sind je nach Schwierigkeitsgrad mit stichwortartigen Kommentaren und Hinweisen bzw. etwas ausführlicheren Anmerkungen und Beispielen versehen. Wir haben uns dabei auf unsere eigenen Vorlesungsunterlagen gestützt, an einigen Stellen aber auch auf die angegebenen Literaturquellen sowie auf Unterlagen und Kommentare von Kolleginnen und Kollegen zurückgegriffen und bedanken uns für die Unterstützung bei Herrn Prof. Dr. Freidank, Frau Prof. Dr. Robinson und Frau Prof. Dr. Wolf. Verbleibende Fehler und Irrtümer sind selbstverständlich uns anzulasten. Ferner möchten wir uns bei Herrn Frank Katzenmayer bedanken, der das vorliegende Werk angeregt und begleitet hat.

Gießen, im Frühjahr 2013
Frank Althoff
Stephanie Hanrath
Martin Schmidt

Inhaltsverzeichnis

Abkürzungsverzeichnis

AAM	Abweichungsanalysemethoden
AG	Aktiengesellschaft
AK	Anschaffungskosten
AV	Anlagevermögen
CAPM	Capital Asset Pricing Model
CF	Cashflow
CFROI	Cashflow Return on Investment
CLV	Consumer Lifetime Value
CP	Commercial Paper
CPC	Cost per Click
CTR	Click Trough Rate
CVA	Cash Value Added
DB	Gesamtdeckungsbeitrag
dB	Stückdeckungsbeitrag
DCF	Discounted Cashflow
DRS	Deutsche Rechnungslegungsstandards
DRSC	Deutsches Rechnungslegungs Standards Committee e. V.
EBIT	Earnings before Interest and Taxes
EBITDA	Earnings before Interest, Taxes, Depreciation and Amortization
EK	Eigenkapital
EKQ	Eigenkapitalquote
EKR	Eigenkapitalrentabilität
EVA	Economic Value Added
FCF	Free Cashflow
FEK	Fertigungseinzelkosten
FGK	Fertigungsgemeinkosten
FiFo	First in First out
FK	Fremdkapital
FW	Fremdwährung
GJ	Geschäftsjahr
GK	Gesamtkapital
GKV	Gesamtkostenverfahren

GuV	Gewinn- und Verlustrechnung
HGB	Handelsgesetzbuch
HiFo	Highest in First out
HK	Herstellkosten
IAS	International Accounting Standards
IDW	Institut der Wirtschaftsprüfer in Deutschland e.V.
IFRS	International Financial Reporting Standards
KB	Kapitalbindung
KGV	Kurs-Gewinn-Verhältnis
KUH	Kapitalumschlagshäufigkeit
LiFo	Last in First out
LoFo	Lowest in First out
LuL	Lieferungen und Leistungen
ME	Mengeneinheiten
MEK	Materialeinzelkosten
MGK	Materialgemeinkosten
MVA	Market Value Added
MW	Marktwert
NOPLAT	Net Operating Profits less adjusted Taxes
NPV	Net Present Value
ÖA	Ökonomische Abschreibung
OL	Operating Leverage
PoS	Point of Sale
RBF	Rentenbarwertfaktor
ROI	Return on Investment
RW	Restwert
SAV	Sachanlagevermögen
SK	Sicherheitskoeffizient
TEUR	Tausend Euro
TKP	Tausenderkontaktpreis
UKV	Umsatzkostenverfahren
UR	Umsatzrentabilität
UV	Umlaufvermögen
VVGK	Verwaltungs- und Vertriebsgemeinkosten
VW	Vermögenswert
WACC	Weighted Average Cost of Capital
ZÜ	Zahlungsüberschuss

1 Material und Produktion

1.1 Materialbedarfsplanung

Der mengenmäßige (Brutto-)Materialbedarf lässt sich verbrauchs- oder bedarfsorientiert planen.

Verbrauchsorientierte Methode

Der Materialbedarf Q wird als Durchschnitt der Verbrauchsmengen Q_t vergangener Perioden t = 1, …, T geplant:

$$Q = \frac{Q_1 + \ldots + Q_T}{T}$$

BEISPIEL 1-1

Periode t	Verbrauchsmengen Q_t [ME]
1	12.000
2	15.000
3	19.000
4	10.000
∅	Q = 14.000
ME – Mengeneinheiten	

Bedarfs- bzw. Programmorientierte Methode

Der Materialbedarf Q wird per Rückrechnung aus dem geplanten Produktionsprogramm und den darin enthaltenen Planproduktionsmengen x_j (j = 1, …, J) auf Basis von Stücklisten und Bedarfskoeffizienten v_j geplant:

$$Q = v_1 \cdot x_1 + \ldots + v_J \cdot x_J$$

BEISPIEL 1-2

Produkt j	x_j [ME]	v_j	$v_j \cdot x_j$ [ME]
1	1.000	5	5.000
2	1.500	3	4.500
3	500	6	3.000
Geplanter Materialbedarf Q			12.500
ME – Mengeneinheiten			

Planung des Netto-Materialbedarfs

Im Falle der Lagerhaltung muss der geplante (Brutto-)Materialbedarf nicht zwangsläufig mit der Gesamtbestellmenge (Netto-Bedarf) übereinstimmen. Der geplante Netto-Bedarf ergibt sich in diesem Fall als:

	Geplanter Brutto-Materialbedarf
–	Lageranfangsbestand des Materials
+	Geplanter Lagerendbestand des Materials
=	Geplanter Netto-Materialbedarf (= Bestellmenge)

1.2 Planung der optimalen Bestellmenge

Die optimale Bestellmenge gibt zu einer gegebenen Gesamtbestellmenge Q diejenige (Teil-)Bestellmenge q* an, die bei konstanten Beschaffungspreisen zu minimalen Gesamtkosten K(q) führt. Die Gesamtkosten setzen sich aus den Bestellkosten (fixe Kosten je Bestellung k_f multipliziert mit der Bestellhäufigkeit Q/q) und den Lagerkosten (variable Kosten k_v je Mengeneinheit für den durchschnittlichen Lagerbestand 1/2 · q) zusammen:

$$K(q) = k_f \cdot \frac{Q}{q} + \frac{1}{2} \cdot q \cdot k_v$$

Bildet man die erste Ableitung nach q, setzt diese gleich null und löst nach q auf, so erhält man die optimale Bestellmenge (auch: klassische Bestellmenge) q*:

$$q^* = \sqrt{\frac{2 \cdot Q \cdot k_f}{k_v}}$$

Die optimale Bestellhäufigkeit ergibt sich als: $\frac{Q}{q^*} = \sqrt{\frac{Q \cdot k_v}{2 \cdot k_f}}$

Bei dieser Bestellpolitik sind die Bestellkosten und die Lagerkosten gleich hoch: $k_f \cdot \frac{Q}{q^*} = \frac{1}{2} \cdot q^* \cdot k_v = \sqrt{\frac{k_f \cdot Q \cdot k_v}{2}}$

Die minimalen Gesamtkosten betragen: $K(q^*) = \sqrt{2 \cdot k_f \cdot Q \cdot k_v}$

BEISPIEL 1-3

Die Gesamtbestellmenge beträgt Q = 40.000 Mengeneinheiten [ME]. Es fallen bestellfixe Kosten in Höhe von k_f = 1.000 EUR je Bestellung und Lagerkosten von k_v = 20 EUR je ME an. Die optimale Bestellmenge beträgt:

$$q^* = \sqrt{\frac{2 \cdot 40.000 \cdot 1.000}{20}} = 2.000 \text{ ME}$$

Die optimale Bestellhäufigkeit lautet:

$$\frac{Q}{q^*} = \frac{40.000}{2.000} = 20 \text{ Bestellungen}$$

Die minimalen Gesamtkosten ergeben sich als:

$$K\left(q^*\right) = k_f \cdot \frac{Q}{q} + \frac{1}{2} \cdot q \cdot k_v = 20.000 + 20.000 = 40.000 \text{ EUR}$$

1.3 Erfassung des Materialverbrauchs

Der mengenmäßige Verbrauch von Materialien kann mithilfe der folgenden Methoden erfasst werden:

Inventurmethode

Die Inventurmethode (auch Befundrechnung) ermittelt den Materialverbrauch einer Periode indirekt aus den Lageranfangs- und Endbeständen, die über Inventuren festgestellt werden:

Verbrauch = Anfangsbestand (laut Inventur)
+ Zugänge
– Endbestand (laut Inventur)

Fortschreibungsmethode

Die Fortschreibungsmethode (auch Skontrationsrechnung) ermittelt den Rohstoffverbrauch einer Periode auf direktem Weg:

Verbrauch = Abgänge laut Materialentnahmescheinen

Der (rechnerische) Endbestand ergibt sich durch Fortschreibung des Anfangsbestands als:

Endbestand = Anfangsbestand + Zugänge – Abgänge

Rückrechnung
Bei der Rückrechnung wird der Materialverbrauch für die realisierten Istproduktionsmengen mithilfe von Verbrauchskoeffizienten ermittelt. Diese Erfassung des Istverbrauchs entspricht der bedarfsorientierten Methode der Materialbedarfsplanung (siehe Kapitel 1.1).

Schätzung
Aus den Verbräuchen der Vergangenheit wird der tatsächliche Materialverbrauch geschätzt. Diese Vorgehensweise entspricht der verbrauchsorientierten Methode der Materialbedarfsplanung (siehe Kapitel 1.1).

BEISPIEL 1-4

Datum	Vorgang	ME
01.01.	Anfangsbestand laut Inventur	12.800
05.02.	Zugang	16.000
17.04.	Abgang	8.600
09.06.	Abgang	6.200
12.08.	Abgang	5.000
05.10.	Zugang	16.000
22.11.	Abgang	12.000
02.12.	Abgang	6.000
30.12.	Endbestand laut Inventur	6.800

Inventurmethode
Verbrauch = 12.800 + (16.000 + 16.000) – 6.800 = 38.000

Fortschreibungsmethode
Verbrauch = 8.600 + 6.200 + … + 6.000 = 37.800

1.4 Bewertung des Materialverbrauchs

Einzelbewertung
Jeder Materialverbrauch q wird mit seinem spezifischen Einstandspreis p bewertet. Die Materialkosten K betragen dann:

$$K = p \cdot q$$

Durchschnittspreisbildung

Ein Materialverbrauch q wird mit dem gewichteten Durchschnitt der Einstandspreise p des Periodenanfangsbestands AB und der Zugänge ZU_n (n = 1, …, N) während der Periode bewertet. Die Materialkosten K betragen:

$$K = \frac{p_{AB} \cdot AB + p_1 \cdot ZU_1 + \ldots + p_N \cdot ZU_N}{AB + ZU_1 + \ldots + ZU_N} \cdot q$$

Werden in die Durchschnittspreisbildung sämtliche Zugänge einer Periode einbezogen, so spricht man von einer *periodenbezogenen Durchschnittspreisbildung*. Werden im Sinne einer permanenten Anpassung nur der Anfangsbestand und diejenigen Zugänge in die Durchschnittsbildung einbezogen, die sich zum Zeitpunkt der Materialentnahme im Lager befinden, so handelt es sich um eine *permanente Durchschnittspreisbildung*.

Verbrauchsfolgeverfahren

Verbrauchsfolgeverfahren treffen Annahmen über die Reihenfolge der Materialverbräuche und bewerten diese mit den entsprechenden Einstandspreisen.

Methode	**Verbrauch des Materials in der …**
FiFo First in First out	… zeitlichen Reihenfolge des Zugangs
LiFo Last in First out	… umgekehrten zeitlichen Reihenfolge des Zugangs
HiFo Highest in First out	… Rangfolge des Einstandspreises von hoch zu niedrig
LoFo Lowest in First out	… Rangfolge des Einstandspreises von niedrig zu hoch

BEISPIEL 1-5

Der Materialverbrauch am 09.06. in Höhe von 6.200 Mengeneinheiten [ME] ist zu bewerten. Folgende Informationen über die Lagerbewegungen (incl. der Einstandspreise p) liegen vor:

Datum	Vorgang	ME
01.01.	Anfangsbestand laut Inventur (p = 40,00)	12.800
05.02.	Zugang (p = 36,00)	16.000
17.04.	Abgang	8.600
09.06.	Abgang	6.200
12.08.	Abgang	5.000
05.10.	Zugang (p = 42,00)	16.000
22.11.	Abgang	12.000
02.12.	Abgang	6.000
30.12.	Endbestand laut Inventur	6.800

Methode	Materialkosten
Einzel-bewertung	$K = 40{,}00 \cdot 6.200 = 248.000$ EUR (Entnahme erfolgt aus Anfangsbestand.)
Periodische Durchschnitts-preisbildung	$K = \frac{40 \cdot 12.800 + 36 \cdot 16.000 + 42 \cdot 16.000}{12.800 + 16.000 + 16.000} \cdot 6.200 = 243.571$ EUR
Permanente Durchschnitts-preisbildung	$K = \frac{40 \cdot 12.800 + 36 \cdot 16.000}{12.800 + 16.000} \cdot 6.200 = 234.222$ EUR
FiFo	$K = 40{,}00 \cdot 4.200 + 36{,}00 \cdot 2.000 = 240.000$ EUR
LiFo	$K = 36{,}00 \cdot 6.200 = 223.200$ EUR
HiFo	$K = 40{,}00 \cdot 4.200 + 36{,}00 \cdot 2.000 = 240.000$ EUR
LoFo	$K = 36{,}00 \cdot 6.200 = 223.200$ EUR

1.5 Produktionsplanung

Kurzfristige, lineare Produktionsprogrammplanung

Die mengenmäßige Zusammensetzung eines deckungsbeitragsmaximalen Produktionsprogramms mit den Produktionsmengen $x_1, \ldots, x_J$ wird von Ein- und Mehrproduktrestriktionen begrenzt. Eine Einproduktrestriktion begrenzt eine einzelne Produktart (z. B. produktspezifische, marktseitig gegebene Absatzhöchstmengen X_j), eine Mehrproduktrestriktion begrenzt gleichzeitig mehrere Produktarten (z. B. eine knappe Maschinenkapazität B_i, die von mehreren Produktarten j beansprucht wird; mit b_{ij} – Beanspruchungskoeffizient: Beanspruchung der Maschine i durch Produktion einer ME der Produktart j).

$$DB = db_1 \cdot x_1 + \ldots + db_J \cdot x_J \rightarrow \max$$

unter den Nebenbedingungen:

$$0 \le x_j \le X_j \quad j = 1, \ldots J$$

$$b_{i1} x_1 + \ldots b_{iJ} x_J \le B_i \quad i = 1, \ldots I$$

DB – Gesamtdeckungsbeitrag; db – Stückdeckungsbeitrag

Bei der kurzfristigen Entscheidung über die Zusammensetzung des deckungsbeitragsmaximalen Produktionsprogramms sind folgende Fälle zu unterscheiden:

Keine wirksame Mehrproduktrestriktion

Alle Produktarten j mit positiven Stückdeckungsbeiträgen db_j werden bis zu ihren maximal möglichen Absatzmengen X_j produziert. Das Entscheidungskriterium für die Aufnahme einer Produktart in das Produktionsprogramm ist:

$$db_j = p_j - k_{vj} \ge 0$$

p – Absatzpreis; k_v – variable Stückkosten

Eine wirksame Mehrproduktrestriktion

Konkurrieren mehrere Produktarten j = 1, …, J mit positiven Stückdeckungsbeiträgen db_j um *eine* knappe Kapazität i, so werden die Produkte in der Reihenfolge ihrer höchsten spezifischen

Stückdeckungsbeiträge $\widehat{db}_{ij}$ (Deckungsbeitrag je knapper Kapazitätseinheit = Stückdeckungsbeitrag $db_j / $Bedarfskoeffizient b_{ij}) produziert, bis die knappe Kapazität erschöpft ist:

$$\widehat{db}_{ij} = \frac{db_j}{b_{ij}} = \frac{p_j - k_{vj}}{b_{ij}}$$

Mehrere wirksame Mehrproduktrestriktionen
Konkurrieren die Produktarten $j = 1, \ldots, J$ mit positiven Stückdeckungsbeiträgen um *mehrere* knappe Kapazitäten, so kann das Kriterium der höchsten spezifischen Stückdeckungsbeiträge $\widehat{db}_{ij}$ nur angewendet werden, wenn sich für alle knappen Kapazitäten die gleiche Rangfolge ergibt. Ansonsten sind Simultanplanungsansätze zu verwenden.

1.6 Kennzahlen zum Material- und Produktionsmanagement

$$\varnothing \text{ Lagerbestand} = \frac{\text{Anfangsbestand} + \text{Endbestand}}{2}$$

bzw.

$$\varnothing \text{ Lagerbestand} = \frac{\text{Anfangsbestand} + \sum_{t=1}^{T} \text{Endbestand}_t}{T + 1}$$

Der durchschnittliche Lagerbestand kann bezogen auf eine Gesamtperiode (z. B. ein Jahr) oder – mit größerer Genauigkeit – teilperiodenbezogen (z. B. mit T = 12 Monate) ermittelt werden. Die Bestände können mengenmäßig (in Mengeneinheiten) oder wertmäßig (in EUR) erfasst werden. Ein hoher durchschnittlicher Lagerbestand wirkt sich positiv auf die Lieferbereitschaft aus, bedeutet aber auch eine hohe Kapitalbindung und hohe Lagerkosten.

$$\text{Lieferbereitschaft} = \frac{\text{Bedarfserfüllungen}}{\text{Bedarfsanfragen}} \cdot 100$$

Die Lieferbereitschaft gibt den Anteil der unmittelbar erfüllten Materialbedarfsanfragen an der Gesamtzahl der Anfragen an.

$$\text{Umschlagshäufigkeit} = \frac{(\text{Bewerteter})\ \text{Materialverbrauch}}{(\text{Bewerteter})\ \varnothing\ \text{Lagerbestand}}$$

Die Umschlagshäufigkeit gibt an, wie oft der (durchschnittliche) Lagerbestand während einer Periode ersetzt wird. Sie kann mengen- oder wertmäßig erfasst werden (siehe auch Kapitel 3.3).

$$\text{Lagerreichweite} = \frac{(\text{Bewerteter})\ \varnothing\ \text{Lagerbestand}}{(\text{Bewerteter})\ \text{Jahresverbrauch}} \cdot 365$$

Die Lagerreichweite (auch Umschlagsdauer; siehe Kapitel 3.3) ergibt sich aus dem Kehrwert der Umschlagshäufigkeit. Ist der eingehende Materialverbrauch ein Jahresverbrauch, so ergibt sich durch Multiplikation mit 365 [Tagen/Jahr] die Lagerreichweite in Tagen.

$$\text{Lagerauslastung} = \frac{\text{genutzte Lagerkapazität}}{\text{vorhandene Lagerkapazität}} \cdot 100$$

Die Lagerauslastung gibt an, wie viel Prozent der verfügbaren Lagerkapazität (Fläche/Höhe/Volumen) tatsächlich für die Lagerhaltung in Anspruch genommen wird.

$$\text{Produktivität} = \frac{\text{Produktionsmenge}}{\text{Verbrauch eines Einsatzfaktors}} \cdot 100$$

Die Produktivität gibt das Verhältnis von mengenmäßigem Output zu mengenmäßigem Input an.

$$\text{Wirtschaftlichkeit} = \frac{\text{Umsatzerlös}}{\text{Kosten}} \cdot 100$$

Die Wirtschaftlichkeit ermittelt das Verhältnis von Output zu Input in wertmäßigen Größen (Umsatzerlöse des Outputs im Verhältnis zu Kosten des Inputs).

$$\text{Ausschussquote} = \frac{\text{nicht verwertbare Materialien bzw. Produkte}}{\text{Verbrauchs- bzw. Produktionsmenge}} \cdot 100$$

Die Ausschussquote gibt den Anteil der nicht verwertbaren Inputmaterialien bzw. der nicht verwertbaren Outputeinheiten am gesamten Input bzw. Output an.

$$\text{Beschäftigungsgrad} = \frac{\text{Istbeschäftigung}}{\text{Planbeschäftigung}} \cdot 100$$

Der Beschäftigungsgrad gibt das Verhältnis der tatsächlichen Beschäftigung zur geplanten Beschäftigung an. Wird die Beschäftigung z. B. in Produktionsmengen gemessen, ist der Beschäftigungsgrad das Verhältnis von Ist- zu Planproduktionsmenge.

$$\text{Auslastungsgrad} = \frac{\text{Istbeschäftigung}}{\text{Maximalbeschäftigung}} \cdot 100$$

Der Auslastungsgrad setzt die Istbeschäftigung ins Verhältnis zur Maximalbeschäftigung. Er ist für die Differenzierung von Fixkosten in Nutz- und Leerkosten (siehe Kapitel 2.1) hilfreich.

2 Kosten- und Erfolgsrechnung

2.1 Grundbegriffe

Fixe, variable und sprungfixe Kosten

Die *Gesamtkosten K* einer Periode lassen sich in variable (beschäftigungsabhängige) Kosten K_v und fixe (beschäftigungsunabhängige) Kosten K_f zerlegen. Für ein Unternehmen mit der Produktionsmenge x als Beschäftigung gilt:

$$K(x) = K_v(x) + K_f$$

Bei konstanten variablen Stückkosten k_v verlaufen die *variablen Kosten* $K_v(x) = k_v \cdot x$ *proportional*. Bei steigenden variablen Stückkosten $k_v(x)$ mit $k_v'(x) > 0$ weisen die resultierenden variablen Kosten $K_v(x) = k_v(x) \cdot x$ einen *progressiven* (überproportional steigenden) Verlauf auf. Bei fallenden variablen Stückkosten ($k_v'(x) < 0$) steigen die gesamten variablen Kosten $K_v(x)$ unterproportional *(degressiver* Verlauf).

Eine Sonderform der beschäftigungsabhängigen Kosten stellen die *sprungfixen Kosten* dar. Sie sind innerhalb eines Beschäftigungsintervalls fix, steigen aber sprunghaft an, wenn die Grenze des Beschäftigungsintervalls überschritten ist.

Nutz- und Leerkosten

Die Fixkosten K_f (incl. der sprungfixen Kosten eines Beschäftigungsintervalls) lassen sich mithilfe des Auslastungsgrads (realisierte Beschäftigung x im Verhältnis zur Maximalbeschäftigung $\bar{x}$; siehe Kapitel 1.6) in Nutzkosten K_{fN} und Leerkosten K_{fL} zerlegen. Es gilt:

$$K_{fN} = K_f \cdot \frac{x}{\bar{x}} \quad \text{bzw.} \quad K_{fL} = K_f \cdot \left(1 - \frac{x}{\bar{x}}\right)$$

(Durchschnittliche) Stückkosten

Die (durchschnittlichen) Stückkosten k (x) je Mengeneinheit eines Produkts ergeben sich durch die Division der Gesamtkosten K (x) durch die Produktionsmenge x.

$$k(x) = \frac{K(x)}{x} = \frac{K_v(x) + K_f}{x}$$

Im Falle einer linearen Kostenfunktion gilt für die (durchschnittlichen) Stückkosten:

$$k(x) = \frac{k_v \cdot x + K_f}{x} = k_v + \frac{K_f}{x}$$

Grenzkosten
Die Grenzkosten entsprechen der ersten Ableitung der Gesamtkostenfunktion:

$$K'(x) = K_v'(x)$$

Die Grenzkosten linearer Kostenfunktionen entsprechen den konstanten variablen Kosten pro Stück: $K'(x) = k_v$.

BEISPIEL 2-1

Die Kostenfunktion lautet: $K(x) = 10 \cdot x + 48.000$. Die realisierte Produktionsmenge ist $x = 10.000$ Mengeneinheiten (ME). Die Maximalkapazität beträgt $\bar{x} = 12.000$ ME.

Gesamtkosten	$K(10.000) = 148.000$
Nutzkosten	$K_{fN} = 48.000 \cdot \frac{10.000}{12.000} = 40.000$
Leerkosten	$K_{fL} = 48.000 \cdot \frac{2.000}{12.000} = 8.000$
Durchschnittliche Stückkosten	$k(10.000) = \frac{148.000}{10.000} = 14{,}80$
Grenzkosten	$K'(x) = 10$

Einzel- und Gemeinkosten
Nach der Zurechenbarkeit von Kosten auf Kalkulationsobjekte (Kostenträger) lassen sich Einzel- und Gemeinkosten unterscheiden. Während die *Einzelkosten* einem Kalkulationsobjekt eindeu-

tig gemäß Verursachungsprinzip zurechenbar sind (und auch zugerechnet werden), können *(echte) Gemeinkosten* nur mithilfe anderer Prinzipien (Beanspruchungsprinzip, Kostentragfähigkeitsprinzip, Durchschnittsprinzip) auf die Kalkulationsobjekte verrechnet werden. Eine Sonderform stellen die *unechten Gemeinkosten* dar, die zwar gemäß dem Verursachungsprinzip als Einzelkosten zurechenbar wären, aus Wirtschaftlichkeitsgründen aber wie Gemeinkosten behandelt und mithilfe anderer Zurechnungsprinzipien verteilt werden.

Kostenzurechnungsprinzipien

- Verursachungsprinzip
  Kosten werden durch ein zusätzliches Kalkulationsobjekt ursächlich hervorgerufen, wenn ohne die Herstellung des Kalkulationsobjekts der Kostenanfall vermieden worden wäre.
- Beanspruchungsprinzip
  Kosten werden durch ein zusätzliches Kalkulationsobjekt zwar nicht ursächlich hervorgerufen, können diesem aber mittels beanspruchungsorientierter Schlüssel (z. B. Zeit, Mengen) direkt zugerechnet werden.
- Kostentragfähigkeitsprinzip
  Kosten stehen nicht in direktem Zusammenhang (Verursachung, Beanspruchung) zu einem Kalkulationsobjekt, sondern werden diesem mittels erlösabhängiger Schlüssel (z. B. Absatzpreise) zugerechnet.
- Durchschnittsprinzip
  Kosten stehen nicht in direktem Zusammenhang (Verursachung, Beanspruchung) zu einem Kalkulationsobjekt, sondern werden diesem mittels Schlüsseln zugerechnet, die nicht von den Erlösen abhängen (siehe Kostentragfähigkeit).

2.2 Methoden der Kostenauflösung

Sofern eine Kostenrechnung auf Teilkostenbasis durchgeführt wird, muss sowohl bei der Kostenplanung als auch bei der Erfassung der Istkosten eine Trennung der Kosten in variable und fixe Bestandteile vorgenommen werden.

Buchtechnische Methode

Die buchtechnische Kostenauflösung trennt sämtliche angefallenen Kosten im Rahmen der Kostenartenrechnung nach fixen und variablen Bestandteilen auf Basis von Erfahrungen oder Schätzungen. Ein Problem bilden diejenigen Kostenarten, die als Mischkosten sowohl fixe als auch variable Bestandteile enthalten. Hier ist eine Aufteilung oft nur pauschal möglich.

BEISPIEL 2-2

Folgende Kostenarten wurden für die Herstellung von 1.000 Mengeneinheiten eines Produkts erfasst:

Kostenart	Kostenbetrag	fix/variabel
Rohstoffkosten	3.000 EUR	variabel
Hilfsstoffkosten	500 EUR	zu 60 % variabel
Zeitlöhne	2.000 EUR	fix
Lineare Abschreibung	1.000 EUR	fix
Gesamt	6.500 EUR	

Die *variablen Stückkosten* ergeben sich als:

$$k_v = \frac{3.000 + 0,6 \cdot 500}{1.000} = 3,30$$

Die *Fixkosten* betragen:

$$K_f = 0,4 \cdot 500 + 2.000 + 1.000 = 3.200$$

Die *Gesamtkostenfunktion* lautet:

$$K(x) = 3,30 \cdot x + 3.200$$

Differenzen-Quotienten-Verfahren

Die mathematischen Methoden der Kostenauflösung unterstellen lineare Gesamtkostenverläufe, so dass die Kostenfunktion mithilfe von zwei Punkten festgelegt werden kann. Sind z. B. mit der Produktionsmenge x_1 die Gesamtkosten K_1 und mit der Produktionsmenge x_2 die Gesamtkosten K_2 verbunden, so gilt:

$$K_1 = k_v \cdot x_1 + K_f$$

$$K_2 = k_v \cdot x_2 + K_f$$

Aus diesem linearen Gleichungssystem lassen sich die variablen Stückkosten als Steigung der Gesamtkostenfunktion bzw. als Verhältnis der Kostendifferenz zur Produktionsmengendifferenz ermitteln:

$$k_v = \frac{K_2 - K_1}{x_2 - x_1}$$

Durch Einsetzen von k_v in eine der Kostenfunktionen erhält man die Fixkosten K_f als:

$$K_f = \frac{K_1 \cdot x_2 - K_2 \cdot x_1}{x_2 - x_1}$$

Liegen mehr als zwei Wertepaare vor und wählt man für die Ermittlung der Kostenfunktion die Wertepaare mit den niedrigsten Kosten K_1 und den höchsten Kosten K_2, so erhält man die *High-Low-Points-Methode*. Liegen mehr als zwei Wertepaare vor, die nach aufsteigenden Kosten sortiert sind, so lassen sich für die untere und die obere Reihenhälfte die durchschnittlichen Produktionsmengen und Kostenbeträge ermitteln. Wendet man das Verfahren auf die daraus resultierenden Wertepaare $(\bar{x}_1, \bar{K}_1)$ und $(\bar{x}_2, \bar{K}_2)$ an, so erhält man das *Reihenhälften-Verfahren*.

BEISPIEL 2-3

x_t	K_t	
80	6.000	Untere Rangreihe: $\bar{x}_1 = 100, \bar{K}_1 = 6.433$
100	6.500	
120	6.800	
150	7.000	Obere Rangreihe: $\bar{x}_2 = 175, \bar{K}_2 = 7.550$
200	8.100	

High-Low-Points-Methode

$$k_v = \frac{8.100 - 6.000}{200 - 80} = 17{,}50$$

$$K_f = \frac{6.000 \cdot 200 - 8.100 \cdot 80}{200 - 80} = 4.600$$

$$K(x) = 17{,}50 \cdot x + 4.600$$

Reihenhälften-Verfahren

$$k_v = \frac{7.550 - 6.433}{175 - 100} = 14{,}89$$

$$K_f = \frac{6.433 \cdot 175 - 7.550 \cdot 100}{175 - 100} = 4.944$$

$$K(x) = 14{,}89 \cdot x + 4.944$$

Methode der kleinsten Quadrate

Es wird diejenige lineare Kostenfunktion $K(x) = K_f + k_v \cdot x$ ermittelt, deren quadrierte Abstände zu allen in die Ermittlung einbezogenen Kostenrealisationen K_t minimal sind:

$$\sum_{t=1}^{T} \left(K_t - K(x_t)\right)^2 = \sum_{t=1}^{T} \left(K_t - K_f - k_v \cdot x_t\right)^2 \rightarrow \text{min.}$$

Setzt man die ersten Ableitungen nach k_v und K_f gleich null, so erhält man ein lineares Gleichungssystem mit folgender Lösung:

$$k_v = \frac{\sum_{t=1}^{T}(x_t - \bar{x}) \cdot (K_t - \bar{K})}{\sum_{t=1}^{T}(x_t - \bar{x})^2}$$

$$K_f = \bar{K} - k_v \cdot \bar{x}$$

$$\text{mit } \bar{x} = \frac{1}{T}\sum_{t=1}^{T} x_t \text{ und } \bar{K} = \frac{1}{T}\sum_{t=1}^{T} K_t$$

BEISPIEL 2-4

t	x_t	K_t	$(x_t - \bar{x})$ (1)	$(K_t - \bar{K})$ (2)	(1) · (2)	$(1)^2$
1	100	6.500	–30	–380	11.400	900
2	150	7.000	20	120	2.400	400
3	80	6.000	–50	–880	44.000	2.500
4	120	6.800	–10	–80	800	100
5	200	8.100	70	1.220	85.400	4.900
∅	130	6.880		Summe:	144.000	8.800

$$k_v = \frac{144.000}{8.800} = 16{,}36$$
$$K_f = 6.880 - 16{,}36 \cdot 130 = 4.753$$
$$K(x) = 16{,}36 \cdot x + 4.753$$

2.3 Methoden der Kostenkalkulation

Mithilfe der Kostenkalkulation (auch Kostenträger- oder Kostenträgerstückrechnung) werden die Selbstkosten von Kalkulationsobjekten (Kostenträgern) ermittelt. Als Kostenträger wird im Folgenden eine absatzbestimmte Produkteinheit betrachtet. Andere Kalkulationsobjekte wie Aufträge, Projekte etc. sind ebenfalls möglich.

Divisionskalkulation

Die Divisionskalkulation trennt die in einer Periode erfassten Kosten *nicht* in Einzel- und Gemeinkosten (siehe Kapitel 2.1). Sämtliche Kosten werden mithilfe von (gewichteten) Durchschnittsprinzipien auf die Produktionsmengen verrechnet.

Einfache einstufige (reine) Divisionskalkulation

Die Gesamtkosten K (x) werden mithilfe des einfachen Durchschnittsprinzips auf die produzierten Mengeneinheiten verrechnet. Die Selbstkosten sk je Produkteinheit entsprechen den durchschnittlichen Stückkosten:

$$sk = \frac{K(x)}{x}$$

Äquivalenzziffernkalkulation

Werden mehrere Produkte hergestellt, so lassen sich ihre unterschiedlichen Kosten durch Gewichtungen berücksichtigen. Dabei erhält ein Referenzprodukt die sogenannte Äquivalenzziffer 1, die Äquivalenzziffern der anderen Produkte ergeben sich aus den geschätzten Kostenverhältnissen zu diesem Referenzprodukt. Werden die Kosten eines anderen Produkts z. B. um 30 % höher geschätzt, so erhält dieses Produkt die Äquivalenzziffer 1,3. Die Selbstkosten sk je Mengeneinheit des Referenzprodukts (R) ergeben sich schließlich durch Division der Gesamtkosten durch die Summe der mit den Äquivalenzziffern z_j gewichteten Produktionsmengen x_j der Produkte j = 1, …, J:

$$sk_R = \frac{K(x_1, \ldots x_J)}{z_1 \cdot x_1 + \ldots + z_J \cdot x_J}$$

Für die Selbstkosten der anderen Produkte j = 1, …, J gilt:

$$sk_j = z_j \cdot sk_R$$

Mehrstufige Divisionskalkulation

Erfolgt die Erzeugung einer Produktart in einem Produktionsprozess mit mehreren Stufen i = 1, …, I, so lässt sich die Divisionskalkulation auf jeder Stufe anwenden. Im Falle einer *einfachen* mehrstufigen Divisionskalkulation für eine *einzelne Produktart* ergeben sich die Selbstkosten einer (unfertigen) Erzeugniseinheit auf Stufe 1 durch Division der primären Kosten dieser Produktionsstufe durch die Erzeugnismenge x_1 dieser Stufe:

$$k_1 = \frac{K_1(x_1)}{x_1}$$

Werden m_1 der in Stufe 1 erzeugten Mengeneinheiten auf Stufe 2 unter Entstehung zusätzlicher primärer Kosten K_2 weiterverarbeitet, ergeben sich die Kosten einer Erzeugniseinheit auf Stufe 2 als (etc.):

$$k_2 = \frac{k_1 \cdot m_1 + K_2}{x_2}$$

Auf der letzten Produktionsstufe I ergeben sich die Herstellkosten hk des Endprodukts als:

$$hk = \frac{k_{I-1} \cdot m_{I-1} + K_I}{x_I}$$

Zur Ermittlung der Selbstkosten sind zusätzlich anteilige Verwaltungs- und Vertriebskosten K_{VV} einzubeziehen:

$$sk = hk + \frac{K_{VV}}{x_I}$$

Für den Fall mehrerer Produktarten lassen sich (ggf. auch mithilfe von Äquivalenzziffern) mehrfache mehrstufige Divisionskalkulation durchführen.

Zuschlagskalkulation
Die Zuschlagskalkulation trennt die Kosten einer Periode in Einzel- und Gemeinkosten (siehe Kapitel 2.1). Die Einzelkosten werden den Kalkulationsobjekten gemäß dem Verursachungsprinzip direkt zugerechnet. Die verbleibenden (echten und unechten) Gemeinkosten werden mithilfe von Zuschlagssätzen zs auf die Produkteinheiten verteilt. Im Falle einer Vollkostenrechnung wird der Zuschlagssatz gebildet, indem sämtliche Gemeinkosten durch wert- oder mengenmäßige Zuschlagsbasen dividiert werden. In einer Teilkostenrechnung werden nur die variablen Gemeinkosten einbezogen:

$$zs = \frac{(\text{variable})\ \text{Gemeinkosten}}{\text{Zuschlagsbasis}}$$

Summarische Zuschlagskalkulation
Der gesamte Gemeinkostenblock bzw. die gesamten variablen Gemeinkosten werden mithilfe eines einheitlichen Zuschlagssatzes zs auf die Produkte verteilt.
Als Zuschlagsbasis dienen i. d. R. wertmäßige Größen, wie z. B. bestimmte Einzelkostenkategorien. Die Verteilung der (variablen) Gemeinkosten wird folglich anhand eines prozentualen Zuschlagssatzes auf die entsprechenden Einzelkosten vorgenommen:

$$zs = \frac{(\text{variable})\ \text{Gemeinkosten}}{\text{Einzelkosten}} \cdot 100$$

Dienen als Zuschlagsbasis z. B. die gesamten Einzelkosten einer Periode, so gilt für die Selbstkosten je Produkteinheit:

ek	Gesamte Einzelkosten je ME
+ zs · ek	verrechnete (variable) Gemeinkosten je ME
= sk	(variable) Selbstkosten je Mengeneinheit

Werden hingegen die Fertigungseinzelkosten als Zuschlagsbasis zur Verteilung der gesamten (variablen) Gemeinkosten herangezogen, so gilt:

mek	Materialeinzelkosten je ME
+ fek	Fertigungseinzelkosten je ME
+ zs · fek	verrechnete (variable) Gemeinkosten je ME
+ sek	Sondereinzelkosten Fertigung/Vertrieb je ME
= sk	(variable) Selbstkosten je Mengeneinheit

Differenzierende Zuschlagskalkulation

Die Summe der Gemeinkosten wird in mehrere Teilbeträge differenziert, z. B. (variable) Materialgemeinkosten MGK, (variable) Fertigungsgemeinkosten FGK sowie (variable) Verwaltungs- und Vertriebsgemeinkosten VVGK, und mithilfe unterschiedlicher Zuschlagsbasen (Materialeinzelkosten MEK, Fertigungseinzelkosten FEK, (variable) Herstellkosten HK) verteilt.

$$zs_{MGK} = \frac{\text{(variable) MGK}}{\text{MEK}} \cdot 100$$

$$zs_{FGK} = \frac{\text{(variable) FGK}}{\text{FEK}} \cdot 100$$

$$zs_{VVGK} = \frac{\text{(variable) VVGK}}{\text{(variable) HK}} \cdot 100$$

Die (variablen) Selbstkosten je ME ergeben sich dann nach folgendem Kalkulationsschema:

mek + $zs_{MGK} \cdot mek$	Materialeinzelkosten je ME (variable) Materialgemeinkosten je ME
+ fek + $zs_{FGK} \cdot fek$	Fertigungseinzelkosten je ME (variable) Fertigungsgemeinkosten je ME
+ sek_F	Sondereinzelkosten Fertigung je ME
= hk	(variable) Herstellkosten je ME
+ $zs_{VVGK} \cdot hk$	(var.) Verw./Vertr. Gem.kosten je ME
+ $sek_{Vertrieb}$	Sondereinzelkosten Vertrieb je ME
= sk	(variable) Selbstkosten je ME

Bei Durchführung einer Kostenstellenrechnung lassen sich weitere Differenzierungen durch kostenstellenspezifische Zuschlagssätze vornehmen.

2.4 Erlösrechnung

Die Gesamterlöse einer Periode können sich wie die Periodenkosten aus fixen und variablen Bestandteilen zusammensetzen. Die variablen Bruttoerlöse E_v (x) ergeben sich durch Multiplikation der abgesetzten Mengeneinheiten mit dem Grundpreis. Sofern auf die variablen Bruttoerlöse prozentuale Nachlässe n gewährt werden (z. B. Rabatte, Skonti), müssen diese zur Ermittlung der variablen Nettoerlöse abgezogen werden. Daneben können fixe Erlöse E_f (z. B. Grundgebühren) und Erlösschmälerungen ES_f (z. B. Boni) existieren, die den einzelnen Produkteinheiten nur mithilfe von Durchschnittsbildungen zugerechnet werden können. Die Gesamt-Nettoerlöse für eine Absatzmenge x betragen:

$$E(x) = E_v(x) \cdot (1 - n) + E_f - ES_f$$

Der durchschnittliche Nettostückerlös beträgt:

$$e(x) = \frac{E(x)}{x}$$

BEISPIEL 2-5

Ein Unternehmen gewährt einem Kunden einen Treuerabatt in Höhe von 3 % auf den Grundpreis von 12,00 EUR. Zusätzlich erhält der Kunde am Ende des Jahres wegen seiner hohen Gesamtabnahmemenge von 8.000 Stück einen Bonus von 2.000 EUR. Der kundenspezifische Nettoerlös beträgt:

$$E = 8.000 \cdot 12{,}00 \cdot (1 - 0{,}03) - 2.000 = 91.120$$

Der durchschnittliche Nettostückerlös beträgt:

$$e = \frac{91.120}{8.000} = 11{,}39$$

2.5 Kurzfristige Erfolgsrechnungen

Gesamt- und Umsatzkostenverfahren

Wird die Kostenrechnung auf Vollkostenbasis durchgeführt, so lassen sich die Periodenerfolge mithilfe des Gesamtkosten- oder des Umsatzkostenverfahrens ermitteln.

Gesamtkostenverfahren

(Umsatz-)Erlöse + Lagerbestandszunahmen fertiger und unfertiger Güter (zu Herstellkosten)	Leistungen der Periode
– Lagerbestandsabnahmen fertiger und unfertiger Güter (zu Herstellkosten) – Gesamte primäre Kosten einer Periode	– Kosten der Periode
= Kalkulatorischer Periodenerfolg	

Umsatzkostenverfahren

(Umsatz-)Erlöse einer Periode	Erlöse
– Herstellkosten der abgesetzten Güter – Verwaltungs- und Vertriebskosten der Periode	– Selbstkosten der abgesetzten Produkte
= Kalkulatorischer Periodenerfolg	

Sofern die gleichen Annahmen zur Erfassung und Bewertung der Kosten- und Leistungen zugrunde gelegt werden, führen beide Verfahren zum gleichen Ergebnis.

BEISPIEL 2-6

Ein Unternehmen hat in einer Periode 5.000 ME eines Produkts produziert. Hierfür sind Herstellkosten in Höhe von 58.000 EUR (11,60 EUR je ME) angefallen. Die Verwaltungs- und Vertriebsgemeinkosten beliefen sich auf insgesamt 15.000 EUR. 3.000 ME wurden zu einem Absatzpreis von 30,00 EUR verkauft, die restlichen 2.000 ME befinden sich im Lager.

Gesamtkostenverfahren

(Umsatz-)Erlöse	90.000 EUR
+ Lagerbestandszunahmen	23.200 EUR
– Lagerbestandsabnahmen	–
– Gesamte primäre Kosten der Periode	–73.000 EUR
= Kalkulatorischer Periodenerfolg	40.200 EUR

Umsatzkostenverfahren

(Umsatz-)Erlöse	90.000 EUR
– Herstellkosten des Umsatzes	–34.800 EUR
– Verw. u. Vertr.-Kosten der Periode	–15.000 EUR
= Kalkulatorischer Periodenerfolg	40.200 EUR

Deckungsbeitragsrechnungen

Aufbauend auf einer *Teilkostenrechnung* können ein- und mehrstufige Deckungsbeitragsrechnungen zur Ermittlung der Periodenerfolge durchgeführt werden.

Einstufige Deckungsbeitragsrechnung

In einstufigen Deckungsbeitragsrechnungen werden die Fixkosten im Block vom insgesamt erzielten Deckungsbeitrag abgezogen:

$$\begin{aligned}\text{Gewinn} &= \text{Deckungsbeitrag} - \text{Fixkosten}\\ &= (\text{Erlöse} - \text{variable Kosten}) - \text{Fixkosten}\end{aligned}$$

Mehrstufige Deckungsbeitragsrechnung
Bei mehrstufigen Deckungsbeitragsrechnungen werden die Fixkosten aufgespalten (z. B. nach Unternehmensbereichen UB, Produktgruppen PG und Produktarten PA) und stufenweise verrechnet. Es werden gestufte Deckungsbeiträge DB für die verschiedenen Hierarchieebenen ausgewiesen.

BEISPIEL 2-7

Eine einstufige, nach Produktarten PA differenzierte Deckungsbeitragsrechnung weist folgende Größen (in Tausend EUR) aus:

	PA 1	PA 2	PA 3	PA 4	PA 5
Umsatzerlöse	20.000	35.000	90.000	57.000	44.000
– Variable Kosten	15.000	23.000	47.000	18.000	35.000
= DB 1 je PA	5.000	12.000	43.000	39.000	9.000
– Fixkosten	85.000				
= Periodenerfolg	23.000				

Erst in einer mehrstufigen Deckungsbeitragsrechnung wird ersichtlich, dass z. B. die Produktarten PA 1 und PA 2 nicht in der Lage sind, ihre produktartspezifischen Fixkosten zu decken und Produktgruppe PG 2 nur deshalb einen positiven DB 3 ausweist, weil eine Quersubventionierung von PA 2 durch PA 3 stattfindet:

	UB 1			UB 2	
	PG 1	PG 2		PG 3	
	PA 1	PA 2	PA 3	PA 4	PA 5
Umsatzerlöse	20.000	35.000	90.000	57.000	44.000
– Var. Kosten	15.000	23.000	47.000	18.000	35.000
= DB 1 je PA	5.000	12.000	43.000	39.000	9.000
– PA-Fixkosten	7.000	16.000	18.000	2.000	5.000
= DB 2 je PA	–2.000	–4.000	25.000	37.000	4.000
– PG-Fixkosten	–	6.000		3.000	
= DB 3 je PG	–2.000	15.000		38.000	
– UB-Fixkosten	4.000			14.000	
= DB 4 je UB	9.000			24.000	
– sonst. Fixk.	10.000				
= Periodenerfolg	23.000				

2.6 Erfolgsanalyse

Break-even-Analyse

Durch Ceteris-Paribus-Analysen (Veränderung einer Einflussgröße bei Konstanz aller anderen Einflussgrößen) lassen sich Aussagen zu Schwellenwerten machen, ab denen ein angestrebtes Mindestergebnis erreicht werden kann.

So gibt z. B. die *Break-even-Menge* x^{BE} die Produktions- bzw. Absatzmenge an, bei der ein vorgegebener Mindestgewinn G^{min} gerade erreicht wird.

Im *Einproduktfall* gilt für $G = (p - k_v) \cdot x - K_f \geq G^{min}$:

$$x^{BE} = \frac{K_f + G^{min}}{p - k_v}$$

Falls *mehrere Produkte* j = 1, …, J produziert werden, so gilt für die Break-even-Menge der Produktart j (mit $\overline{DB}$ – konstanter Gesamtdeckungsbeitrag aller anderen Produkte):

$$x_j^{BE} = \frac{K_f + G^{min} - \overline{DB}}{p_j - k_{v,j}}$$

Für den Fall $G^{min} = 0$ nennt man die Break-even-Menge auch die *Gewinnschwelle*, da hier der Übergang von der Verlust- in die Gewinnzone erfolgt.

Analog lassen sich der Break-even-Preis oder die variablen Break-even-Stückkosten ermitteln:

$$p_j^{BE} = k_{v,j} + \frac{K_f + G^{min} - \overline{DB}}{x_j}$$

$$k_{v,j}^{BE} = p_j - \frac{K_f + G^{min} - \overline{DB}}{x_j}$$

Sensitivitätsanalyse

Eine Sensitivitätsanalyse ermittelt, wie stark sich eine Ergebnisgröße ändert, wenn sich eine oder auch mehrere Einflussgrößen ändern.

Eine *univariate Gewinnsensitivität* gibt an, wie hoch die relative Gewinnänderung $\Delta G/G$ ist, die sich aus der Veränderung *einer* Einflussgröße ergibt. Ändert sich z. B. die Produktions- und Absatzmenge der Produktart j um q_{xj}, so ändert sich der Gewinn um q_g:

$$G \cdot (1 + q_G) = (p_j - k_{v,j}) \cdot x_j \cdot (1 + q_{xj}) + \overline{DB} - K_f \,.$$

Wegen $G = (p_j - k_{v,j}) \cdot x_j + \overline{DB} - K_f$ lässt sich die Gleichung umformen zu:

$$q_G = \frac{\Delta G}{G} = \frac{(p_j - k_{v,j}) \cdot x_j \cdot q_{xj}}{G}$$

Ändern sich gleichzeitig mehrere Einflussgrößen (hier z. B. die Produktions- und Absatzmenge x_j um q_{xj} und die Fixkosten K_f um q_{Kf}), so erhält man die *multivariate Gewinnsensitivität* aus $G \cdot (1 + q_G) = (p_j - k_{v,j}) \cdot x_j \cdot (1 + q_{xj}) + \overline{DB} - K_f \cdot (1 + q_{Kf})$ als:

$$q_G = \frac{\Delta G}{G} = \frac{(p_j - k_{v,j}) \cdot x_j \cdot q_{xj} - K_f \cdot q_{Kf}}{G}$$

Sicherheitskoeffizient und Operating Leverage

Der Sicherheitskoeffizient SK und Operating Leverage OL sind Spezialfälle der Break-even- bzw. Sensitivitätsanalyse. Der *Sicherheitskoeffizient* gibt an, um wie viel Prozent q_x die Produktions- und Absatzmenge einer Produktart j zurückgehen darf, ohne dass ein Unternehmen in die Verlustzone gerät.

Aus $G = (p_j - k_{v,j}) \cdot x_j \cdot (1 + q_{xj}) + \overline{DB} - K_f = 0$ folgt:

$$SK = q_{x_j} = \frac{(p_j - k_{v,j}) \cdot x_j + \overline{DB} - K_f}{(p_j - k_{v,j}) \cdot x_j} = \frac{x_j - x_j^{BE}}{x_j}$$

Der *Operating Leverage* gibt an, um wie viel Prozent q_g sich der Gewinn ändert, wenn die Produktions- und Absatzmenge um 1 % ($q_x = 0{,}01$) steigt.

Aus $G \cdot (1 + q_G) = (p_j - k_{v,j}) \cdot x_j \cdot 1{,}01 + \overline{DB} - K_f$ folgt:

$$OL = q_G = \frac{(p_j - k_{v,j}) \cdot x_j \cdot 0{,}01}{(p_j - k_{v,j}) \cdot x_j + \overline{DB} - K_f} = \frac{1}{SK} \cdot 0{,}01$$

BEISPIEL 2-8

Ein Unternehmen plant die Gesamtkostenfunktion $K(x) = 10{,}00 \cdot x + 48.000$. Die Planproduktionsmenge ist $x = 1.000$, der Planabsatzpreis $p = 70{,}00$. Daraus ergibt sich ein geplanter Periodengewinn von $G = 12.000$.

Break-even-Punkte (für $G^{min} = 0$)

$$x^{BE} = \frac{K_f}{p - k_v} = \frac{48.000}{60} = 800$$

$$p^{BE} = k_v + \frac{K_f}{x} = 10 + \frac{48.000}{1.000} = 58$$

$$k_v^{BE} = p - \frac{K_f}{x_j} = 70 - \frac{48.000}{1.000} = 22$$

Gewinnsensitivitäten

Geht die Produktions- und Absatzmenge um 5 % zurück ($q_{xj} = -0{,}05$), so sinkt der Gewinn um 25 %:

$$q_G = \frac{(p - k_v) \cdot x \cdot q_{xj}}{G} = \frac{-(70 - 10) \cdot 1.000 \cdot 0{,}05}{12.000} = -0{,}25$$

Steigen zusätzlich die Fixkosten um 10 % ($q_{xj} = -0{,}05$) und ($q_{Kf} = -0{,}05$), so sinkt der Gewinn um 65 %:

$$q_G = \frac{\left(p_j - k_{v,j}\right) \cdot x_j \cdot q_{xj} - K_f \cdot q_{Kf}}{G}$$
$$= \frac{-\left(70 - 10\right) \cdot 1.000 \cdot 0{,}05 - 48.000 \cdot 0{,}1}{12.000} = -0{,}65$$

Sicherheitskoeffizient
Die Produktions- und Absatzmenge dürfte um maximal 20 % zurückgehen, ohne dass das Unternehmen die Break-even-Menge und damit die Verlustzone erreicht:

$$SK = q_x = \frac{\left(70 - 10\right) \cdot 1.000 - 48.000}{\left(70 - 10\right) \cdot 1.000} = \frac{1.000 - 800}{1.000} = 0{,}2$$

Operating Leverage
Wenn die Produktions- und Absatzmenge um 1 % steigt, dann steigt der Gewinn um 5 %:

$$OL = \frac{\left(70 - 10\right) \cdot 1.000 \cdot 0{,}01}{\left(70 - 10\right) \cdot 1.000 - 48.000} = \frac{1}{0{,}2} \cdot 0{,}01 = 0{,}05$$

Kontrollrechnungen
Treten zwischen geplanten und realisierten Erfolgen, Kosten oder Erlösen Abweichungen auf, können diese im Rahmen einer Kontrollrechnung festgestellt und auf ihre Ursachen zurückgeführt werden.

Lautet z. B. die geplante Kostenfunktion $K^p\left(x^p\right) = k_v^p \cdot x^p + K_f^p$,

die realisierten Istkosten betragen jedoch $K^i\left(x^i\right) = k_v^i \cdot x^i + K_f^i$, so lässt sich die Gesamtkostenabweichung ΔK in einem ersten Schritt in eine Abweichung der variablen Kosten ΔK_v und eine Fixkostenabweichung ΔK_f zerlegen:

$$\Delta K = K^p\left(x^p\right) - K^i\left(x^i\right)$$
$$= k_v^p \cdot x^p - k_v^i \cdot x^i + K_f^p - K_f^i$$
$$= \Delta K_v + \Delta K_f$$

Die Fixkostenabweichung ΔK_f lässt sich ggf. weiter in verschiedene additiv verknüpfte Teilabweichungen einzelner Fixkostenblöcke zerlegen.
Eine Aufspaltung der Abweichung der variablen Kosten ΔK_v in ihre Einflussgrößen variable Stückkosten k_v und Produktionsmenge x ist hingegen nicht ohne weiteres möglich, da diese multiplikativ miteinander verknüpft sind. Durch mathematische Ergänzung (gleichzeitige Addition und Subtraktion der variablen Plankosten bei Istproduktion) lässt sich jedoch folgende Aufspaltung vornehmen:

$$\begin{aligned}\Delta K_v &= k_v^p \cdot x^p - k_v^i \cdot x^i \\ &= k_v^p \cdot x^p \underbrace{- k_v^p \cdot x^i + k_v^p \cdot x^i}_{=0} - k_v^i \cdot x^i \\ &= k_v^p \cdot \left(x^p - x^i\right) + (k_v^p - k_v^i) \cdot x^i \\ &= k_v^p \cdot \Delta x + \Delta k_v \cdot x^i\end{aligned}$$

Die erste Teilabweichung $k_v^p \cdot \Delta x$ wird häufig als die sogenannte Beschäftigungsabweichung, die zweite als Verbrauchsabweichung bezeichnet (die Abweichung der Stückkosten Δk_v wird auf abweichende Verbrauchsmengen an Inputfaktoren zurückgeführt). Ein Nachteil der oben vorgenommenen Aufspaltung ist, dass bei den ausgewiesenen Teilabweichungen unterschiedliche Bezugsbasen verwendet werden (*geplante* variable Stückkosten und *realisierte* Produktionsmengen). Um dies zu vermeiden, lassen sich die geplanten variablen Stückkosten z. B. ersetzen durch $k_v^p = k_v^i + \Delta k_v$ und es ergeben sich folgende drei Teilabweichungen:

$\Delta K_v =$	$k_v^i \cdot \Delta x$	Mengenabweichung (Abw. 1. Ordnung)
	$+ \Delta k_v \cdot x^i$	Stückkostenabweichung (Abw. 1. Ord.)
	$+ \Delta k_v \cdot \Delta x$	Mischabweichung (Abw. 2. Ordnung)

BEISPIEL 2-9

$$K^p\left(x^p\right) = 10 \cdot x^p + 48.000 \text{ mit } x^p = 1.000$$

$$K^i\left(x^i\right) = 12 \cdot x^i + 55.000 \text{ mit } x^i = 900$$

Die Gesamtabweichung beträgt:

$$\Delta K = K^p - K^i = 58.000 - 65.800 = -7.800.$$

Die Gesamtabweichung lässt sich in eine Abweichung der variablen Kosten und eine Fixkostenabweichung zerlegen:

$$\begin{aligned}\Delta K &= k_v^p \cdot x^p - k_v^i \cdot x^i + K_f^p - K_f^i \\ &= 10.000 - 10.800 + 48.000 - 55.000 \\ &= -800 - 7.000 \\ &= \Delta K_v + \Delta K_f\end{aligned}$$

Die Abweichung der variablen Kosten $\Delta K_v = -800$ lässt sich weiter zerlegen in zwei Einzelabweichungen (Teilabweichungen 1. Ordnung) und eine Mischabweichung (Teilabweichung 2. Ordnung):

$$\begin{aligned}k_v^i \cdot \Delta x &= 1.200 && \text{Mengenabweichung} \\ \Delta k_v \cdot x^i &= -1.800 && \text{Stückkostenabweichung} \\ \Delta k_v \cdot \Delta x &= -200 && \text{Mischabweichung}\end{aligned}$$

Abweichungsanalysemethoden (AAM)

Es existieren verschiedene Abweichungsanalysemethoden, die sich im Ausweis der Mischabweichungen (Abweichungen höherer Ordnung) unterscheiden, welche aufgrund von multiplikativ verknüpften Einflussgrößen entstehen.

Der oben bereits vorgenommene vollständige und getrennte Ausweis sämtlicher Einzel- und Mischabweichungen (Abweichungen erster und höherer Ordnung) entspricht der Vorgehensweise der *differenzierten AAM*. Ein solcher differenzierter Ausweis kann die Gesamtabweichung vollständig erklären, ohne dass es zu willkürlichen Verteilungen der Mischabweichungen kommt:

$$\begin{aligned} \Delta K_v = \; & k_v^i \cdot \Delta x && \text{Mengenabweichung} \\ & + \Delta k_v \cdot x^i && \text{Stückkostenabweichung} \\ & + \Delta k_v \cdot \Delta x && \text{Mischabweichung} \end{aligned}$$

Die *alternative AAM* berechnet hingegen nur die Einzelabweichungen und vernachlässigt die Mischabweichungen. Dadurch werden zwar ebenfalls willkürliche Verrechnungen der Mischabweichungen vermieden, die Summe der ausgewiesenen Einzelabweichungen stimmt jedoch nicht mit der Gesamtabweichung überein. Für die Zerlegung der variablen Kosten gilt:

$$\begin{aligned} \Delta K_v \neq \; & k_v^i \cdot \Delta x && \text{Mengenabweichung} \\ & + \Delta k_v \cdot x^i && \text{Stückkostenabweichung} \end{aligned}$$

Die *symmetrische AAM* teilt die Mischabweichungen gleichmäßig auf und schlägt sie anteilig den Einzelabweichungen zu. Dadurch stimmt die Summe der Einzelabweichungen zwar mit der Gesamtabweichung überein, die Verrechnung der Mischabweichungen erfolgt jedoch willkürlich nach dem Durchschnittsprinzip. Für die Zerlegung der variablen Kosten gilt:

$$\begin{aligned} \Delta K_v = \; & k_v^i \cdot \Delta x + \frac{1}{2} \cdot \Delta k_v \cdot \Delta x && \text{Mengenabweichung} \\ & + \Delta k_v \cdot x^i + \frac{1}{2} \cdot \Delta k_v \cdot \Delta x && \text{Stückkostenabweichung} \end{aligned}$$

3 Jahresabschluss / Bilanzanalyse

3.1 Jahresabschlussgrößen nach HGB

Die folgenden Jahresabschlussgrößen beziehen sich auf den Jahresabschluss nach HGB (Handelsgesetzbuch), der von allen in Deutschland buchführungspflichtigen Kaufleuten aufzustellen ist.

Anschaffungskosten

	Anschaffungspreis
–	Anschaffungspreisminderungen
+	Anschaffungsnebenkosten
+	Nachträgliche Anschaffungskosten
=	Anschaffungskosten

Herstellungskosten

	Materialeinzelkosten
+	Fertigungseinzelkosten
+	Sondereinzelkosten der Fertigung
+	Materialgemeinkosten (angemessene Teile)
+	Fertigungsgemeinkosten (angemessene Teile)
+	Werteverzehr des Anlagevermögens (fertigungsbezogen)
=	*Herstellungskostenuntergrenze (Pflichtbestandteile)*
+	Allgemeine Verwaltungskosten (angemessene Teile)
+	Aufwendungen für soziale Einrichtungen des Betriebs (angemessene Teile)
+	Aufwendungen für freiwillige soziale Leistungen (angemessene Teile)
+	Aufwendungen für betriebliche Altersversorgung (angemessene Teile)
+	Fremdkapitalzinsen (des Herstellungszeitraums)
=	*Herstellungskostenobergrenze (einschl. Wahlbestandteile)*

Vertriebs- und Forschungskosten dürfen nicht aktiviert werden.

Geschäfts- oder Firmenwert

	Gegenleistung für die Unternehmensübernahme
	Zeitwert der übernommenen Vermögensgegenstände
	– Zeitwert der übernommenen Schulden
–	= Übernommenes Reinvermögen zu Zeitwerten
=	Geschäfts- oder Firmenwert

Buchwert

Umlaufvermögen / Nicht abnutzbares Anlagevermögen

	Anschaffungskosten / Herstellungskosten
–	Außerplanmäßige Abschreibungen
+	Zuschreibungen
=	(Rest-)Buchwert

Abnutzbares Anlagevermögen

	Anschaffungskosten / Herstellungskosten
–	Planmäßige Abschreibungen
–	Außerplanmäßige Abschreibungen
+	Zuschreibungen
=	(Rest-)Buchwert

Fortgeführte Anschaffungs- und Herstellungskosten

Die fortgeführten Anschaffungs- und Herstellungskosten dienen auch zur Ermittlung der Obergrenze für erforderliche Zuschreibungen nach in den Vorjahren vorgenommenen außerplanmäßigen Abschreibungen.

	Anschaffungskosten / Herstellungskosten
–	Planmäßige Abschreibungen
=	Fortgeführte Anschaffungs- und Herstellungskosten

Planmäßige Abschreibungen

linear	$\frac{\text{Zugangswert (AK/HK)}}{\text{Nutzungsdauer}}$
degressiv	(Rest) Buchwert · (fester) Prozentsatz
leistungsabhängig	$\frac{\text{Zugangswert (AK/HK)}}{\text{Gesamtleistung}} \cdot \text{Leistung GJ}$
AK – Anschaffungskosten; HK – Herstellungskosten; GJ – Geschäftsjahr	

Die Abschreibungsmethode ist im Einzelfall anhand der Art der Abnutzung des Vermögensgegenstands zu begründen. Bei der degressiven Abschreibung, bei der auch im Zeitablauf fallende Prozentsätze denkbar sind (sog. arithmetisch degressive Abschreibung), bezieht sich der Prozentsatz im Jahr des Zugangs des Vermögensgegenstands auf den Zugangswert und in den Folgejahren auf den jeweiligen Restbuchwert des Vorjahrs.
Üblich sind auch kombinierte Methoden, insbesondere eine Kombination aus degressiver und linearer Abschreibung, bei der von der degressiven auf die lineare Abschreibung übergegangen wird, sobald der lineare Abschreibungsbetrag (Restbuchwert/Restnutzungsdauer) den degressiven Abschreibungsbetrag übersteigt.

Außerplanmäßige Abschreibungen

Das Handelsrecht unterscheidet bei der Ermittlung der außerplanmäßigen Abschreibung: Im Anlagevermögen ist grundsätzlich nur bei voraussichtlich dauernder Wertminderung auf den niedrigeren beizulegenden Wert abzuschreiben. Das Finanzanlagevermögen darf auch bei nur vorübergehender Wertminderung außerplanmäßig abgeschrieben werden. Im Umlaufvermögen ist – unabhängig von der Dauerhaftigkeit der Wertminderung – vorrangig abzuschreiben auf einen vorhandenen Börsen- oder Marktpreis, wenn dieser nicht vorhanden ist, auf den niedrigeren beizulegenden Wert.

	(Rest-)Buchwert am Ende des GJ
–	Beizulegender Wert (Anlagevermögen)
–	Börsen-/Marktpreis bzw. beizulegender Wert (Umlaufvermögen)
=	Außerplanmäßige Abschreibungen

Beizulegender Wert Anlagevermögen

	Wiederbeschaffungsneuwert der Anlage
–	Planmäßige Abschreibungen hierauf für die bisherige Nutzung des zu bewertenden Vermögensgegenstands
=	Fortgeführter Wiederbeschaffungsneuwert

Dem fortgeführten Wiederbeschaffungsneuwert ist der Wiederbeschaffungszeitwert, d.h. der Zeitwert einer bau- und altersgleichen Anlage zum Bewertungszeitpunkt, als beizulegender Wert vorzuziehen.
Der beizulegende Wert von Anteilen an anderen Unternehmen ergibt sich üblicherweise aus einer komplexen Unternehmensbewertung auf Basis einer Barwertbetrachtung der für die Zukunft erwartbaren Erträge bzw. Zahlungszuflüsse (siehe Kapitel 5.2, 8.1).

Beizulegender Wert Umlaufvermögen

	Aktueller Verkaufspreis
–	Erlösschmälerungen
–	Noch anfallende Herstellungskosten
–	Noch anfallende Veräußerungskosten
=	Beizulegender Wert Umlaufvermögen

Für Roh-, Hilfs- und Betriebsstoffe wird i.d.R. die Zugrundelegung des aktuellen Beschaffungspreises als (niedrigerer) beizulegender Wert empfohlen (Kozikowski/Roscher 2012, Ellrot u.a. 2012, § 253, Anm. 516).

Erfüllungsbetrag von Schulden

	Nennwert der Verbindlichkeit
+	Preis-/Kostensteigerungen von Sach-/Dienstleistungen (soweit absehbar)
=	Erfüllungsbetrag der Schuld

Bewertung von (Verbindlichkeits-)Rückstellungen

	Nennbetrag der zukünftigen Verpflichtung
+	Preis-/Kostensteigerungen (soweit absehbar)
=	*Erfüllungsbetrag der Rückstellung*
–	Zinsanteil (Abzinsung) langfristiger Rückstellungen
=	Buchwert der Rückstellung

Die Abzinsung einer Rückstellung orientiert sich an den finanzmathematischen Grundsätzen der Abzinsung (siehe Kapitel 5.2). Der zugrunde zu legende, laufzeitabhängige Zinssatz wird von der Deutschen Bundesbank monatlich bekannt gegeben. Der nach obiger Formel ermittelte Buchwert der Rückstellung wird teilweise begrifflich mit dem Erfüllungsbetrag gleichgesetzt (Institut der Wirtschaftsprüfer 2013, RS HFA 34, Tz. 17).

Währungsumrechnung zum Abschlussstichtag

$$\text{Wert in EUR} = \frac{\text{Wert in FW}}{\text{Devisenkassamittelkurs EUR in FW}}$$

FW – Fremdwährung

Der Euro-Wert von Fremdwährungsforderungen darf grundsätzlich nicht den Zugangswert der Forderung übersteigen. Der Euro-Wert von Verbindlichkeiten darf grundsätzlich nicht den Zugangswert der Verbindlichkeit unterschreiten. Diese beiden Grundsätze gelten nicht für Forderungen bzw. Verbindlichkeiten mit einer Restlaufzeit bis zu einem Jahr.

Pensionsrückstellungen

Unterschiedsbetrag aus der Vermögensverrechnung

	Diskontierter Erfüllungsbetrag der Pensionsverpflichtung
–	Beizulegender Zeitwert des Deckungsvermögens
=	Unterschiedsbetrag aus der Vermögensverrechnung

Ist dieser Unterschiedsbetrag positiv, so wird er unter den Rückstellungen für Pensionen ausgewiesen. Ist der Betrag negativ, wird er in einem gesonderten Posten auf der Aktivseite der Bilanz gezeigt.

Ausschüttungssperre
Bestimmte Teile des Jahresergebnisses von Kapitalgesellschaften dürfen nicht ohne weiteres an die Anteileigner ausgeschüttet bzw. an ein herrschendes Unternehmen im Rahmen eines Ergebnisabführungsvertrags abgeführt werden. Dies macht die Ermittlung des maximal ausschüttbaren bzw. maximal abführbaren Betrags erforderlich (Gelhausen/Fey/Kämpfer 2009, S. 317 ff.).

Ausschüttbarer Betrag

			Jahresüberschuss/Jahresfehlbetrag laut GuV
+			Frei verfügbare Rücklagen
–			Pflichtmäßige Rücklageneinstellungen aus dem Ergebnis
+			Gewinnvortrag
–			Verlustvortrag
=			*Maximale Ausschüttung ohne Ausschüttungssperre*
	–		Sperrbetrag aus der Aktivierung selbst geschaffener immaterieller Vermögensgegenstände des Anlagevermögens
		–	hierfür gebildete passive latente Steuern
	–		Sperrbetrag aus der Zeitwertbewertung des Deckungsvermögens
		–	hierfür gebildete passive latente Steuern
	–		Sperrbetrag aus der Aktivierung latenter Steuern
		–	übrige passive latente Steuern
–	=		Ausschüttungsgesperrter Betrag (§ 268 Abs. 8 HGB)
=			Maximale Ausschüttung nach Ausschüttungssperre

Freie Rücklagen sind nach gesellschaftsrechtlichen Regelungen ohne Beschränkung zur Ausschüttung verfügbare Rücklagen. Deren korrekte Bestimmung richtet sich nach den gesellschaftsrechtlichen, rechtsformspezifischen Regelungen.

BEISPIEL 3-1

Eine AG erzielt im Jahr 01 einen Jahresüberschuss i. H. v. 100 TEUR, von dem 2 TEUR in die gesetzliche Rücklage einzustellen sind.
Frei verfügbare Rücklagen bestehen i. H. v. 10 TEUR. In 01 wird ein selbst geschaffener immaterieller Vermögensgegenstand des Anlagevermögens (Patent) mit 60 TEUR ergebniserhöhend aktiviert. Aufgrund des Passivierungsverbots in der Steuerbilanz entfallen hierauf latente Steuern i. H. v. 9 TEUR. Darüber hinaus bestehen passive latente Steuern i. H. v. 5 TEUR, die mit aktivierten latenten Steuern i. H. v. 18 TEUR saldiert werden.

Maximale Ausschüttung:

- ohne Sperre: (100 + 10 – 2 =) 108,
- nach Sperre: (108 – (60 – 9) – (18 – 5) =) 44.

Abführbarer Betrag
Anders als bei der Ermittlung des ausschüttungsgesperrten Betrags ist hier zu berücksichtigen, dass ein zur Ergebnisabführung verpflichtetes Unternehmen aus gesellschaftsrechtlichen Gründen bestimmte Eigenkapitalkomponenten nicht an das herrschende Unternehmen abführen darf. Dies gilt insbesondere für Gewinnrücklagen und einen Gewinnvortrag, die aus der Zeit vor Abschluss des Ergebnisabführungsvertrags stammen. Diese nicht abführbaren Komponenten sind gleichwohl frei verfügbar in dem Sinne, dass sie z. B. ausgeschüttet werden könnten. Daher mindern sie – obwohl nicht unmittelbar abführbar – den abführungsgesperrten Betrag.

	Jahresüberschuss laut GuV vor Gewinnabführung
–	Verlustvortrag aus dem Vorjahr
–	Pflichtmäßige Rücklageneinstellungen aus dem Ergebnis
+	Während der Vertragsdauer gebildete Gewinnrücklagen
+	Während der Vertragsdauer vorgetragener Gewinn
=	*Maximale Abführung ohne Ausschüttungssperre*
	Nicht abführbare, aber ausschüttungsfähige Eigenkapitalkomponenten
	(Vorvertragliche Rücklagen u. Gewinnvortrag, ausschüttbare Kapitalrücklagen u. satzungsmäßige Rücklagen)
	– Sperrbetrag aus der Aktivierung selbst geschaffener immaterieller Vermögensgegenstände des Anlagevermögens
	– ggf. hierfür gebildete passive latente Steuern
	– Sperrbetrag aus der Zeitwertbewertung des Deckungsvermögens
	– ggf. hierfür gebildete passive latente Steuern
	– Sperrbetrag aus der Aktivierung latenter Steuern
	– ggf. übrige passive latente Steuern
–	= Negativer Saldo: Abführungsgesperrter Betrag, soweit nicht durch nicht abführbare, aber ausschüttungsfähige Eigenkapitalkomponenten gedeckt
=	Maximale Abführung nach Abführungssperre

BEISPIEL 3-2

Wie Beispiel 3-1. Allerdings hat sich die AG zur Abführung ihres ganzen Gewinns verpflichtet. Die frei verfügbaren Rücklagen wurden – gesellschaftsrechtlich zulässig – nach Abschluss des Abführungsvertrags gebildet.
Nicht abgeführt werden darf ein Gewinnvortrag i. H. v. 4 TEUR aus der Zeit vor Abschluss des Ergebnisabführungsvertrags. Dieser Gewinnvortrag mindert aber den abführungsgesperrten Betrag. Latente Steuern sollen bei der AG annahmegemäß zu berücksichtigen sein.

Maximale Abführung
- ohne Sperre: (100 + 10 – 2 =) 108,
- nach Sperre:
  - Sperrbetrag: ((60 – 9) + (18 – 5)) = 64,
  - Deckung durch ausschüttbare, aber nicht abführbare Beträge: (64 – 4) = 60,
  - maximale Abführung nach Sperre: (108 – 60 =) 48.

3.2 Jahresabschlussgrößen nach IFRS

Die folgenden Jahresabschlussgrößen beziehen sich auf den Jahresabschluss nach IFRS (International Financial Reporting Standards), der in Deutschland – unbenommen der Pflicht zur Aufstellung eines Jahresabschlusses nach HGB – anstelle des HGB-Abschlusses offengelegt werden darf (Einzelabschluss). Kapitalmarktorientierte Mutterunternehmen sind zur Aufstellung ihres Konzernabschlusses nach IFRS verpflichtet.
An mehreren Stellen der IFRS wird eine Bewertung von Aktiv- bzw. Passivposten zum *Barwert* gefordert. Der Ermittlung des Barwerts liegt dabei das allgemeine finanzmathematische Konzept der Barwert- bzw. Kapitalwertermittlung zugrunde, auf das an dieser Stelle allgemein verwiesen wird (siehe Kapitel 5.2).

Anschaffungskosten

Die Ermittlung der Anschaffungskosten folgt für Sachanlagen und immaterielle Vermögenswerte des Anlagevermögens sowie für Vorräte grundsätzlich dem gleichen Konzept. In den jeweils einschlägigen Standards werden jedoch einige Bestandteile der Anschaffungskosten in Abhängigkeit von der Vermögensart stärker bzw. schwächer betont.

Vorräte (IAS 2)

	Anschaffungspreis
–	Anschaffungspreisminderungen
+	Anschaffungsnebenkosten
+	Sonstige Kosten (einschl. Fremdkapitalzinsen unter Voraussetzungen des IAS 23)
=	Anschaffungskosten

Anlagevermögen (IAS 16, IAS 38)

	Anschaffungspreis
–	Anschaffungspreisminderungen
+	Direkt zurechenbare Kosten zur Herbeiführung der Betriebsbereitschaft (Anschaffungsnebenkosten)
+	Übernommene (zukünftige) Verpflichtungen
+	Nachträgliche Anschaffungskosten
+	Fremdkapitalzinsen unter Voraussetzungen des IAS 23
=	Anschaffungskosten

Besonderheiten, die sich aus anderen Standards ergeben und die an weitere Voraussetzungen gebunden sind, wie die Absetzung von Zuwendungen der öffentlichen Hand (IAS 20) zum Anlagevermögen, sind in diesen Formeln nicht enthalten.

Herstellungskosten

Vorräte (IAS 2)

		Materialeinzelkosten
	+	Fertigungseinzelkosten
	+	Sondereinzelkosten der Fertigung
+	=	*Einzelkosten*
		Materialgemeinkosten (angemessene Teile)
	+	Fertigungsgemeinkosten (angemessene Teile)
+	=	*Variable Produktionsgemeinkosten*
		Abschreibungen des Anlagevermögens (angemessene Teile)
	+	Verwaltungskosten (soweit Herstellungsbezug)
	+	Aufwendungen für soziale Einrichtungen des Betriebs (soweit Herstellungsbezug)
	+	Aufwendungen für freiwillige soziale Leistungen (soweit Herstellungsbezug)
	+	Aufwendungen für betriebliche Altersversorgung (soweit Herstellungsbezug)
+	=	*Fixe Produktionsgemeinkosten*
		Steuern (soweit Herstellungsbezug)
	+	Fremdkapitalzinsen unter Voraussetzungen des IAS 23
+	=	*Sonstige Kosten*
=		Herstellungskosten

Vertriebs- und Forschungskosten dürfen nicht aktiviert werden.

Anlagevermögen (IAS 16, IAS 38)

	Herstellungskosten entsprechend IAS 2 (siehe oben)
+	Direkt zurechenbare Kosten zur Herbeiführung der Betriebsbereitschaft
+	Übernommene (zukünftige) Verpflichtungen
+	Nachträgliche Herstellungskosten
=	Herstellungskosten

Zu aktivierende Fremdkapitalzinsen

Nach IAS 23 sind Fremdkapitalzinsen – unter im Standard bestimmten Voraussetzungen – zu aktivieren, die dem angeschafften bzw. hergestellten Vermögenswert direkt zugeordnet werden können (Zinsen aus Zweckfinanzierungen). Ist eine direkte Zuordnung nicht möglich, z. B. durch die Inanspruchnahme von Betriebsmittelkrediten, ist eine durchschnittliche Berechnung der zu aktivierenden Fremdkapitalzinsen erforderlich.

$$\text{Zinsen als HK} = \text{AK/HK} \cdot \text{Finanzierungskostensatz}$$

Der Finanzierungskostensatz ist wie folgt definiert:

$$\text{Finanzierungskostensatz} = \frac{\text{Fremdkapitalkosten GJ}}{\varnothing\ \text{Fremdkapital GJ}}$$

Sowohl aus den Fremdkapitalkosten als auch aus dem durchschnittlichen Fremdkapital des Geschäftsjahrs (GJ) bzw. der Rechnungsperiode sind Zweckfinanzierungen, d. h. einzelnen Vermögenswerten direkt zuordenbare Finanzierungen, auszuscheiden.

Bewertungsvereinfachung Vorräte: Retrograde Methode

Diese Methode wird in IAS 2 auch als die »im Einzelhandel verwendete Methode« bezeichnet.

	Endbestand bewertet zur Verkaufspreisen
–	Bruttogewinnspanne
=	Anschaffungs- bzw. Herstellungskosten

Für diese Bewertungsvereinfachung ist somit zunächst der Endbestand zu den voraussichtlichen Verkaufspreisen zu bewerten. Von dieser Summe ist die Bruttogewinnspanne abzuziehen. Die Bruttogewinnspanne ermittelt sich wie folgt:

$$\text{Bruttogewinnspanne} = \frac{\text{Verkaufspreis} - \text{Summe AK/HK}}{\text{Verkaufspreis}}$$

Bewertung langfristiger Fertigungsaufträge
Sofern nach den IFRS die Erfassung von Umsatzerlösen entsprechend dem Fertigstellungsgrad zulässig ist (Percentage-of-Completion-Methode), ergeben sich:

$$\text{Bilanzansatz} = \text{Entgelt} \cdot \text{Fertigstellungsgrad}$$

$$\text{Umsatzerlöse GJ} = \text{Entgelt} \cdot \Delta\ \text{Fertigstellungsgrad}$$

$$\text{Gewinn GJ} = \text{kalk. Gewinn} \cdot \Delta\ \text{Fertigstellungsgrad}$$

Das Entgelt ist das vereinbarte Entgelt laut Vertrag. Der kalkulierte Gewinn ist von Geschäftsjahr (GJ) zu GJ an die tatsächliche Kostenentwicklung anzupassen. Umsatzerlöse und Gewinn eines GJ entstehen entsprechend der Veränderung des Fertigstellungsgrads im Vergleich zum Vorjahr.
Der Fertigstellungsgrad kann auf verschiedenen Wegen ermittelt werden. In der Praxis gebräuchlich ist das Cost-to-Cost-Verfahren nach dem Verhältnis der bereits entstandenen zu den insgesamt für den Auftrag kalkulierten Kosten.

$$\text{Fertigstellungsgrad} = \frac{\text{kumulierte Kosten}}{\text{erwartete Gesamtkosten}} \cdot 100$$

Geschäfts- oder Firmenwert
Die Ermittlung des Geschäfts- oder Firmenwerts erfolgt im Einzelabschluss nach IFRS nach dem gleichen Grundprinzip wie nach HGB (siehe Kapitel 3.1).

Buchwert
Die Ermittlung des Buchwerts erfolgt für das *Umlaufvermögen* und für das *nach dem Anschaffungskostenmodell bewertete Anlagevermögen* formal entsprechend der nach HGB gültigen Formel (siehe Kapitel 3.1), jedoch nach den inhaltlichen Regelungen der IFRS.
Nach dem für das Sachanlagevermögen und für immaterielle Vermögenswerte des Anlagevermögens grundsätzlich zulässigen *Neubewertungsmodell* ergibt sich folgende Berechnung:

	Anschaffungskosten / Herstellungskosten
±	Neubewertung auf den beizulegenden Zeitwert
–	Planmäßige Abschreibungen (sofern abnutzbar)
–	Wertminderungen
+	Wertaufholung
=	(Rest-)Buchwert

Fortgeführte Anschaffungs- und Herstellungskosten
Die fortgeführten Anschaffungs- und Herstellungskosten ermitteln sich systematisch wie nach HGB (siehe Kapitel 3.1) und dienen wie dort auch zur Ermittlung der Obergrenze von erforderlichen Wertaufholungen nach Wertminderungen der Vorjahre.

Planmäßige Abschreibungen
Die planmäßigen Abschreibungen berechnen sich nach IFRS grundsätzlich nach den gleichen Methoden wie nach HGB (siehe Kapitel 3.1). Allerdings ermittelt sich nach IFRS die Abschreibungsbemessungsgrundlage wie folgt:

Bemessungsgrundlage = AK/HK – Restwert

Der Restwert ist der geschätzte Erlös aus der Verwertung des Vermögenswerts bei dessen Abgang am Ende der Nutzungsdauer. In der Praxis spielt er jedoch kaum eine Rolle.
Im Rahmen der Bewertung von Sachanlagen und immateriellen Vermögenswerten des Anlagevermögens nach dem Neubewertungsmodell sind die auf den beizulegenden Zeitwert vorzunehmenden planmäßigen Abschreibungen nach folgender Formel aufzuteilen, sofern zuvor die Neubewertung auf einen die historischen AK/HK übersteigenden beizulegenden Zeitwert erfolgte:

	Abschreibungen auf Basis des beizulegenden Zeitwerts
–	Abschreibungen auf Basis der historischen AK/HK
=	Umbuchung aus der Neubewertungsrücklage in die Gewinnrücklage

Dieser auf den Differenzbetrag zwischen beizulegendem Zeitwert und historischen AK/HK entfallende Teil der planmäßigen

Abschreibungen führt zu einer Umbuchung aus der Neubewertungsrücklage in die Gewinnrücklagen.

Wertminderungen

Vorräte nach IAS 2

	(Rest-)Buchwert am Ende des GJ
–	Nettoveräußerungswert (sofern niedriger)
=	Wertminderung

Der niedrigere Nettoveräußerungswert berechnet sich wie folgt:

	Geschätzter erzielbarer Verkaufserlös
–	Geschätzte noch anfallende Kosten bis Fertigstellung
–	Geschätzte noch anfallende notwendige Vertriebskosten
=	Nettoveräußerungswert

Andere Vermögenswerte i. S. d. IAS 36

	(Rest-)Buchwert am Ende des GJ
–	Erzielbarer Betrag (sofern niedriger)
=	Wertminderung

Der erzielbare Betrag ist der höhere Betrag der beiden Werte »beizulegender Zeitwert abzüglich Verkaufskosten« (ZW) und »Nutzungswert«.

$$\text{Erzielbarer Betrag} = \text{Max}\left\{\text{beizul. ZW; Nutzungswert}\right\}$$

Der *beizulegende Zeitwert* ist hierbei um Veräußerungskosten zu mindern:

	Veräußerungspreis
–	Direkt zurechenbare Veräußerungskosten
=	Beizulegender Zeitwert abzgl. Veräußerungskosten (ZW)

Der *Veräußerungspreis* ist aus einem konkreten Kaufvertrag, aus einem aktiven Markt oder aus sonstigen bestverfügbaren Informationen abzuleiten.

Der *Nutzungswert* ermittelt sich nach dem Barwertverfahren (siehe Kapitel 5.2, 8.1) durch Abzinsung der zukünftigen Cashflows des Vermögenswerts einschl. des Cashflows aus dessen Abgang.

Im Neubewertungsmodell ist eine Wertminderung erfolgsneutral als Minderung des sonstigen Ergebnisses (siehe unten) zu erfassen, soweit sie bis auf die fortgeführten AK/HK (siehe oben) herab erfolgt. Darüber hinausgehende Wertminderungen fließen ergebniswirksam in die GuV ein.

Bewertung von Rückstellungen (allgemein)

	Zukünftige Ausgabe
+	Preis-/Kostensteigerungen (soweit absehbar)
–	Wesentlicher Zinsanteil (Abzinsung)
=	Buchwert der Rückstellung

Die Abzinsung einer Rückstellung ist nach allgemeiner Auffassung nur bei einer Restlaufzeit von mehr als einem Jahr erforderlich, da nur dann wesentliche Abzinsungsbeträge ermittelt werden. Sie orientiert sich an den allgemeinen finanzmathematischen Grundsätzen der Abzinsung (siehe Kapitel 5.2). Erwartete Erstattungsbeträge dürfen den Rückstellungsbetrag nicht mindern.

Gesamtergebnis

	Gewinn oder Verlust (profit or loss)
+	Sonstiges Ergebnis (other comprehensive income)
=	Gesamtergebnis (comprehensive income)

Mit Gewinn oder Verlust ist das Ergebnis der Gewinn- und Verlustrechnung und somit der Saldo der ergebniswirksamen Erträge und Aufwendungen gemeint. Das Sonstige Ergebnis stellt den Saldo aller ergebnisneutralen Erträge und Aufwendungen dar, wie z.B. aus der ergebnisneutral vorzunehmenden Neubewertung von Sachanlagen.

Die Darstellung des Gesamtergebnisses darf alternativ erfolgen in einem einheitlichen Rechenwerk unter Darstellung der entsprechenden Zwischensummen oder in zwei (im Abschluss aufeinanderfolgenden) Rechenwerken, der GuV und der mit dem Ergebnis der GuV beginnenden Gesamtergebnisrechnung.

Ergebnis je Aktie

$$\text{Ergebnis je Aktie} = \frac{\text{Periodenergebnis}}{\text{Anzahl ausstehender Aktien}}$$

Falls sich die Anzahl ausstehender Aktien in der betrachteten Rechnungsperiode (im Geschäftsjahr) verändert hat, ist ein (zeitlich) gewichteter Durchschnitt der ausstehenden Aktien des GJ zu berechnen.

Soll das Periodenergebnis nur auf den (Durchschnitts-)Bestand der tatsächlich bereits ausgegebenen Aktien der Rechnungsperiode bezogen werden, ergibt sich das *unverwässerte Ergebnis je Aktie*.

Sollen auch zukünftige, bereits nach aktueller Lage, z.B. aufgrund bestehender Aktienoptionen, erwerbbare Aktien berücksichtigt und damit das zukünftig mögliche Ergebnis je Aktie ermittelt werden, berechnet man das *verwässerte Ergebnis je Aktie*. Hierzu werden in die Anzahl ausstehender Aktien auch potenzielle Aktien einbezogen, die noch ausgegeben werden (können).

3.3 Analyse der Vermögenslage

Gegenstand der Analyse der Vermögenslage sind insbesondere die Untersuchung von Art und Zusammensetzung des bilanziellen Vermögens (Aktivseite) sowie der Dauer der Vermögensbindung.

Anlagen- und Umlaufintensität

$$\text{Anlagenintensität} = \frac{\text{Anlagevermögen}}{\text{Gesamtvermögen}} \cdot 100$$

$$\text{Umlaufintensität} = \frac{\text{Umlaufvermögen}}{\text{Gesamtvermögen}} \cdot 100$$

Grundaussagen der Kennzahlen (in %)

- Anteil des schwer/leicht liquidierbaren Vermögens am Gesamtvermögen,
- Kapitalbindung.

Schwächen der Kennzahlen

- Branchenabhängigkeit;
- Bilanzpolitische Beeinflussbarkeit, z. B. durch nicht aktiviertes Vermögen (insbesondere selbst geschaffenes immaterielles Anlagevermögen) oder Abschreibungen;
- Verfeinerungen erforderlich bei stark schwankendem Umlaufvermögen (Durchschnittswerte) oder schwer liquidierbarem Umlaufvermögen wg. dessen längerer Kapitalbindung.

Abnutzungsgrad

$$\text{Abnutzungsgrad} = \frac{\text{Kumulierte Abschr. (SAV)}}{\text{Historische AK/HK (SAV)}} \cdot 100$$

Grundaussagen der Kennzahl (in %)

- Altersstruktur des Bestands, i. d. R. des abnutzbaren Sachanlagevermögens,
- Hohe Kennzahl weist auf Investitionsbedarf hin.

Schwächen der Kennzahl

- Bilanzpolitische Beeinflussbarkeit der Abschreibungshöhe.
- Heterogene Nutzungsdauern der Vermögensgegenstände des Anlagevermögens erschweren Interpretation.

Investitionsquote

$$\text{Investitionsquote} = \frac{\text{Nettoinvestitionen (SAV)}}{\text{Historische AK/HK (SAV)}} \cdot 100$$

Der Wert der historischen AK/HK ist unmittelbar dem Anlagespiegel mit Stand zu Beginn des Geschäftsjahrs zu entnehmen. Die Nettoinvestitionen berechnen sich wie folgt:

Zugänge in das Sachanlagevermögen
– Abgänge des Sachanlagevermögens zu Restbuchwerten

= Nettoinvestitionen in das Sachanlagevermögen

Die Zugänge lassen sich unmittelbar, die Abgänge aus dem Sachanlagevermögen zu Restbuchwerten nur mittelbar (näherungsweise) wie folgt aus dem Anlagespiegel entnehmen:

Anfangsbestand Sachanlagen zu Restbuchwerten
+ Zugänge des Geschäftsjahrs
+ Zuschreibungen des Geschäftsjahrs
± Umbuchungen in das/aus dem Sachanlagevermögen
– Abschreibungen des Geschäftsjahrs
– Endbestand Sachanlagen zu Restbuchwerten

= Abgänge des Sachanlagevermögens zu Restbuchwerten

Grundaussagen der Kennzahl (in %)
- Hohe Quote lässt auf starke Investitionstätigkeit schließen.
- Niedrige Quote kann auf Investitionsbedarf hindeuten.

Schwächen der Kennzahl
- Positiver Einfluss bei starker Inflation durch Gegenüberstellung (höherer) Neupreise und (niedrigerer) historischer Kosten.
- Negativer Einfluss sinkender Preise durch Gegenüberstellung (niedrigerer) Neupreise und (höherer) historischer Kosten.

Wachstumsquote

$$\text{Wachstumsquote} = \frac{\text{Nettoinvestitionen (SAV)}}{\text{Abschreibungen GJ (SAV)}} \cdot 100$$

Zum Begriff der Nettoinvestition siehe auch die Ausführungen unter »Investitionsquote«.

Grundaussage der Kennzahl (in %)
- Hohe Quote spricht für Wachstum des Unternehmens.

Schwächen der Kennzahl
- Bilanzpolitische Beeinflussbarkeit der Abschreibungshöhe.
- Zugrunde liegende Annahme, dass die Abschreibungen dem tatsächlichen Leistungsverzehr entsprechen.
- Einfluss durch sinkende/steigende Preise für Neuerwerbe.

Abschreibungsquote

$$\text{Abschreibungsquote} = \frac{\text{Abschreibungen (AV)}}{\text{Historische AK/HK (AV)}} \cdot 100$$

Hierzu sind die historischen AK/HK zum Geschäftsjahresende aus dem Anlagespiegel abzuleiten.

Grundaussagen der Kennzahl (in %)
- Jährliche Abnutzung des Anlagevermögens,
- Abschreibungspolitik des Unternehmens,
- Bei Betrachtung der Mehrjahresentwicklung Aussagen über Bildung (steigende Quote) bzw. Auflösung (sinkende Quote) stiller Rücklagen.

Schwäche der Kennzahl
- Betriebsindividuelles Investitionsverhalten (in Schüben oder gleichmäßig) erschwert zwischenbetriebliche Vergleichbarkeit.
- Durchschnittsbetrachtung, die jedoch – mithilfe des Anlagespiegels – auf bestimmte Vermögensarten bezogen werden kann.

Umschlagshäufigkeit Vorräte

$$\text{Umschlagshäufigkeit Vorräte} = \frac{\text{Umsatzerlöse}}{\varnothing\ \text{Bestand Vorräte}}$$

Grundaussagen der Kennzahl (Anzahl)
- Hohe Kennzahl spricht für leichte Liquidierbarkeit der Vorräte.
- Bei geringem Lagerbestand und hoher Kennzahl Liquiditätsanspannungen durch regelmäßige Ersatzbeschaffungen zu erwarten.

Schwächen der Kennzahl

- Vielfältige Einflüsse, z. B. Absatzschwierigkeiten, Vorratsaufbau aufgrund erwarteter Marktaufhellung, Bewertungswahlrechte für das Vorratsvermögen (LiFo, FiFo – siehe Kapitel 1.4, Durchschnittsbewertung, Festbewertung etc.).

Umschlagsdauer Vorräte

$$\text{Umschlagsdauer Vorräte} = \frac{\varnothing \text{ Bestand Vorräte}}{\text{Umsatzerlöse}} \cdot 365$$

Grundaussagen der Kennzahl (in Tagen)

- Anzahl der Tage bis zur Veräußerung der Vorräte (Kapitalbindungsdauer).
- Niedrige Kennzahl spricht für leichte Absetzbarkeit.
- Hohe Kennzahl spricht für Absatzprobleme oder mangelhaftes Beschaffungswesen bzw. nicht optimale Vorratshaltung.

Schwächen der Kennzahl

- Branchenabhängig, z. B. höhere Kennzahl bei Langfristfertigung, sofern keine Umsatzerlöse ausgewiesen werden dürfen.
- Vielfältige Einflüsse, z. B. auch durch Preispolitik oder Aufnahme einer neuen Geschäftstätigkeit.

Kundenziel

$$\text{Kundenziel} = \frac{\text{Forderungen LuL}}{\text{Umsatzerlöse}} \cdot 365$$

Der Wert der im Zähler zu berücksichtigenden Forderungen aus Lieferungen und Leistungen (LuL) zum Geschäftsjahresende ergibt sich hierzu unmittelbar aus der Bilanz.

Grundaussagen der Kennzahl (Anzahl Tage)

- Zeitraum bis zum Zahlungseingang.
- Liquidität der Kunden.

Schwächen der Kennzahl

- Starker Einfluss des Zahlungsverhaltens von Großkunden.
- Vielfältige weitere Einflüsse, z. B. Skontogewährungen oder längere Kundenziele im Rahmen von Markterschließungen.

3.4 Analyse der Finanzlage

Der Beurteilung der Finanzlage von Unternehmen dient die Analyse der Finanzierung des Unternehmens und der Fähigkeit, Verbindlichkeiten zu bedienen. Die *Kapitalstrukturanalyse* soll dazu dienen, die Herkunft des Kapitals im Unternehmen hinsichtlich Zusammensetzung, Fristigkeit und Sicherheit zu untersuchen.

Eigenkapital und Verschuldung

$$\text{Eigenkapitalquote} = \frac{\text{Eigenkapital}}{\text{Gesamtkapital}} \cdot 100$$

$$\text{Fremdkapitalquote} = \frac{\text{Fremdkapital}}{\text{Gesamtkapital}} \cdot 100$$

$$\text{Verschuldungsgrad} = \frac{\text{Fremdkapital}}{\text{Eigenkapital}} \cdot 100$$

$$\text{Verschuldungskoeffizient} = \frac{\text{Eigenkapital}}{\text{Fremdkapital}} \cdot 100$$

Bei starken Veränderungen der Kapitalteile während des Geschäftsjahrs sind Durchschnittswerte zu bilden (z. B. arithmetisches Mittel: (Anfangsbestand + Endbestand)/2).

Grundaussagen der Kennzahlen (in %)

- Hoher EK-Anteil bedeutet hohe Bestandssicherheit und hohes Haftungspotenzial aus Gläubigersicht.
- Erleichterte/günstigere Möglichkeiten zur Beschaffung von Fremdkapital (FK) bei bestehendem hohen EK-Anteil.
- Hoher EK-Anteil kann Hinweis auf Möglichkeiten zur Optimierung der EK-Rendite sein (zum Leverage-Effekt siehe Kapitel 4.1).

Schwächen der Kennzahlen

- Branchenabhängigkeit.
- Mangelnde Vergleichbarkeit, sofern nicht stille Reserven (z. B. in Grundstücken oder in nicht aktivierten immateriellen Gütern) einbezogen werden.

Selbstfinanzierungsgrad

$$\text{Selbstfinanzierungsgrad} = \frac{\text{Gewinnrücklagen}}{\text{Eigenkapital}} \cdot 100$$

Grundaussagen der Kennzahl (in %)
- Erhöhung des Haftungspotenzials (EK) durch das Unternehmen in der Vergangenheit.
- Signal für die Fähigkeit und Bereitschaft, erwirtschaftete Gewinne zu thesaurieren.

Schwächen der Kennzahl
- Beeinflussung durch Kapitalerhöhungen aus Gesellschaftsmitteln (Umwandlung von Gewinnrücklagen in gezeichnetes Kapital).
- Mangelnde zwischenbetriebliche Vergleichbarkeit, sofern nicht stille Reserven einbezogen werden.
- Nur bedingt Rückschlüsse auf zukünftiges Ausschüttungsverhalten möglich.

Bilanzkurs je Aktie

$$\text{Bilanzkurs je Aktie} = \frac{\text{Eigenkapital}}{\text{Anzahl der Aktien}}$$

Im Falle von Aktien mit Nennwert kann die Anzahl der Aktien errechnet werden nach der Formel:

$$\text{Anzahl Aktien mit Nennwert} = \frac{\text{Grundkapital}}{\text{Nennwert je Aktie}}$$

Grundaussage der Kennzahl (in EUR)
- Den Bilanzkurs je Aktie übersteigender Börsenkurs spiegelt Erfolgserwartungen der Anleger wider.
- Differenz zwischen festgestelltem Börsen- und Bilanzkurs je Aktie soll Rückschlüsse auf stille Rücklagen/Lasten des Unternehmens zulassen.

Schwächen der Kennzahl

- Börsenkursentwicklung kann auch durch Faktoren, die das Unternehmen nicht unmittelbar betreffen, wie die allgemeine Marktentwicklung oder politische Ereignisse, beeinflusst sein.
- Rückschluss auf stille Reserven kaum zulässig, da dieser Kenntnis des Markts über stille Reserven voraussetzt und diese nicht alleiniger Einflussfaktor des Börsenkurses sind.

Fremdkapital-Struktur

$$\text{FK-Struktur} = \frac{\text{Teilbereich Fremdkapital}}{\text{Summe Fremdkapital}} \cdot 100$$

Die Abgrenzung der Teilbereiche des Fremdkapitals kann insbesondere nach der Fristigkeit (z. B. kurzfristig bei einer Restlaufzeit von $\leq$ 1 Jahr) oder nach Gläubiger (z. B. Kreditinstitute) bzw. Art der Verbindlichkeit (z. B. aus Lieferungen und Leistungen oder Rückstellungen) erfolgen.

Grundaussagen der Kennzahl (in %)

- Anteil der Schulden mit einem bestimmtem Merkmal am Gesamtbestand der Schulden.
- Hoher Anteil kurzfristigen Fremdkapitals gibt Hinweis auf angespannte Liquidität.

Schwächen der Kennzahl

- Trennbarkeit der Gruppen, z. B. nach Fristigkeit, nicht immer unmittelbar aus dem Abschluss erkennbar (Verfügbarkeit der Informationen).
- Interpretation nur gemeinsam mit Analyse der Vermögenslage, insbesondere zum Bestand leicht liquidierbaren Vermögens (z. B. Kundenziel (siehe Kapitel 3.3).

Die *horizontale Bilanzstrukturanalyse* bezweckt Aussagen zur künftigen Zahlungsfähigkeit eines Unternehmens, indem Vermögen (Aktivseite) und Kapital (Passivseite) zueinander ins Verhältnis gesetzt und beurteilt werden.

Finanzierungs- und Bilanzregeln

Goldene Finanzierungsregel siehe Kapitel 4.1

Goldene Bilanzregeln siehe Kapitel 4.1

Grundaussagen der Regeln

- Verhältnis zwischen Kapitalbindung und Kapitalüberlassung (Fristenkongruenz).
- Je stärker langfristiges Vermögen durch langfristiges Kapital gebunden ist, desto besser ist die künftige Zahlungsfähigkeit einzuschätzen.
- Normative Wirkung: leichtere Fremdfinanzierung bei Einhaltung der Regeln.

Schwächen der Regeln

- Zuordnung von Zahlungsterminen zu den einzelnen Aktiva und Passiva kann ohne interne Informationen schwierig sein.
- Liquidität wird nur stichtagsbezogen ermittelt, kann jedoch innerhalb kurzer Zeit starken Veränderungen unterliegen.
- Keine Berücksichtigung nicht bilanzierter Zahlungsverpflichtungen (z. B. Gehälter) und Finanzierungsmöglichkeiten (Kreditlinien).
- Bilanzpolitische Beeinflussbarkeit der verwendeten Größen.

Anlagendeckung

$$\text{Anlagendeckung} = \frac{\text{Eigenkapital}}{\text{Anlagevermögen}} \cdot 100$$

Grundaussage der Kennzahl (in %)

- Hoher Wert der Kennzahl aus Gläubigersicht positiv, da Anlagevermögen im Insolvenzfall i. d. R. schwer verwertbar.

Schwächen der Kennzahl

- Vergleichbarkeit mit anderen Unternehmen erschwert durch Sachverhaltsgestaltungen (z. B. Sale-and lease-back).
- Beeinflussung durch Bilanzpolitik (z. B. Abschreibungspolitik).
- Einbeziehung langfristigen Umlaufvermögens sinnvoll.

Liquiditätsgrade/-kennziffern 1.–3. siehe Kapitel 4.1

Working Capital

	Kurzfristiges Vermögen
–	Kurzfristiges Fremdkapital
=	Working Capital

Grundaussage der Kennzahl (in EUR)
- Beurteilung der kurzfristigen, künftigen Zahlungsfähigkeit.

Schwächen der Kennzahl
- Beeinflussbarkeit durch sachverhaltsgestaltende Maßnahmen (z. B. Verkauf Anlagevermögen zum Stichtag).
- Mangelnde Vergleichbarkeit mit größeren/kleineren Unternehmen.

Kapitalflussrechnung
Anders als die Gewinn- und Verlustrechnung ist die *Kapitalflussrechnung* eine rein liquiditätsorientierte Rechnung, die auf Überlegungen zu Cashflows (siehe Kapitel 4.1) basiert. Die Höhe des Zahlungssaldos sowie die Herkunft bzw. Verwendung von Zahlungsmitteln stehen bei der Analyse im Vordergrund.
Die Systematik der Kapitalflussrechnung ergibt sich nach HGB und IFRS nach dem gleichen *Grundprinzip*:

		Betriebliche Einzahlungen
	–	Betriebliche Auszahlungen
+	=	Cashflow aus betrieblicher Tätigkeit (1)
		Desinvestitionen (Einzahlungen aus Abgängen AV)
	–	Investitionsauszahlungen
+	=	Cashflow aus Investitionstätigkeit (2)
		Finanzierungseinzahlungen
	–	Finanzierungsauszahlungen
+	=	Cashflow aus Finanzierungstätigkeit (3)
=		Cashflow gesamt ((1) + (2) + (3))
±		Wechselkursbedingte Veränderungen der liquiden Mittel
+		Anfangsbestand der liquiden Mittel
=		Endbestand der liquiden Mittel

Die Kapitalflussrechnung verlangt vorab die Abgrenzung des Zahlungsmittelfonds, d. h. die Summe derjenigen Komponenten, die als liquide Mittel im Sinne der obigen Darstellung gelten sollen.
Zur Analyse der Herkunft bzw. Verwendung der Zahlungsmittel wird der gesamte Cashflow des Geschäftsjahrs aufgeteilt nach den Bereichen (originäre) betriebliche Tätigkeit, Investitionstätigkeit (des Anlagevermögens insgesamt) und Finanzierungstätigkeit (EK [Eigenkapital] und FK [Fremdkapital]) dargestellt. Die diesen drei Cashflows zuzurechnenden Ein- und Auszahlungen sind nach den einschlägigen Rechnungslegungsvorschriften (vgl. insbesondere DRS 2) detaillierter aufzugliedern als in der obigen Darstellung.
Für den Cashflow aus betrieblicher Tätigkeit wird auch dessen indirekte Ermittlung aus dem Jahresergebnis zugelassen. Dies erfordert neben der Bereinigung des Jahresergebnisses laut GuV um zahlungsunwirksame Erträge und Aufwendungen (z. B. Abschreibungen) auch die Eliminierung solcher Komponenten, die den beiden anderen Cashflows zuzuordnen sind.

Indirekte Ermittlung des Cashflows aus betrieblicher Tätigkeit in Anlehnung an DRS 2

	Periodenergebnis vor Ertragsteuern und Zinsen
+/–	Abschreibungen/Zuschreibungen auf SAV
+/–	Zunahme/Abnahme der Rückstellungen
+/–	Sonstige zahlungsunwirksame Aufwendungen/Erträge
–/+	Gewinn/Verlust aus dem Verkauf von VW des AV
–/+	Zunahme/Abnahme der Vorräte, der Forderungen LuL sowie anderer Aktiva, die nicht der Investitions- oder Finanzierungstätigkeit zuzuordnen sind
+/–	Zunahme/Abnahme der Verbindlichkeiten LuL sowie anderer Passiva, die nicht der Investitions- oder Finanzierungstätigkeit zuzuordnen sind
–	Ertragsteuerzahlungen
+/–	Zinseinzahlungen/Zinsauszahlungen
=	Cashflow aus betrieblicher Tätigkeit

3.5 Analyse der Ertragslage

Erfolgsquellenanalyse

Gegenstand der *Erfolgsquellenanalyse* ist die Identifikation der wichtigsten Erfolgsquellen und deren Beurteilung im Hinblick auf ihre Nachhaltigkeit.

Die Zusammensetzung des *Rohergebnisses* orientiert sich an den Posten der GuV nach § 275 HGB, wobei zu unterscheiden ist, ob das Unternehmen das Gesamtkostenverfahren (GKV) oder das Umsatzkostenverfahren (UKV) anwendet.

	Umsatzerlöse (GKV und UKV)
+	Sonstige betriebliche Erträge (GKV und UKV)
+/–	Bestandsveränderungen (GKV)
+	Andere aktivierte Eigenleistungen (GKV)
–	Herstellungskosten zur Erzielung d. Umsatzerlöse (UKV)
–	Materialaufwand (GKV)
=	Rohergebnis

Das *Jahresergebnis* (nach HGB) setzt sich aus den folgenden Komponenten zusammen, wobei ebenfalls nach Gesamtkostenverfahren (GKV) und Umsatzkostenverfahren (UKV) zu unterscheiden ist:

	Betriebsergebnis
+	Finanzergebnis
=	*Ergebnis der gewöhnlichen Geschäftstätigkeit*
+	Außerordentliches Ergebnis
–	Steuern
=	Jahresüberschuss/Jahresfehlbetrag

mit den einzelnen Komponenten:

	Rohergebnis (siehe oben)
–	Personalaufwand (GKV)
–	Abschreibungen SAV, immaterielles AV, UV (GKV)
–	Vertriebskosten (UKV)
–	Verwaltungskosten (UKV)
–	Sonstige betriebliche Aufwendungen (GKV und UKV)
=	Betriebsergebnis

	Erträge aus Beteiligungen
+	Erträge aus Wertpapieren/Ausleihungen des FAV
+	Sonstige Zinsen und ähnliche Erträge
–	Abschreibungen auf FAV und Wertpapiere des UV
–	Zinsen und ähnliche Aufwendungen
=	Finanzergebnis

(FAV – Finanzanlagevermögen, UV – Umlaufvermögen)

$$\text{Ergebnisbeitrag} = \frac{\text{Ergebnisbestandteil}}{\text{Jahresergebnis}} \cdot 100$$

Grundaussagen der Erfolgsquellenanalyse

- Identifizierung der wesentlichen Erfolgsquellen,
- Grundlage zur Beurteilung der Nachhaltigkeit von Erfolgsbestandteilen als Ausgangspunkt für eine Zukunftsbetrachtung.

Schwächen der Erfolgsquellenanalyse

- Beeinflussung der zugrunde liegenden Daten durch bilanzpolitische oder sachverhaltsgestaltende Maßnahmen (z. B. einmalige Rabattaktion gegen Ende des Jahres).
- Ausschließlicher Vergangenheitsbezug der verwendeten Daten erschwert Ableitung von Zukunftserwartungen.

Im Rahmen der *Erfolgsstrukturanalyse* wird der Zusammensetzung des Erfolgs nachgegangen, um insbesondere Aussagen zur Nachhaltigkeit einzelner Ergebniskomponenten gewinnen zu können.

Spartenabhängigkeit

$$\text{Spartenabhängigkeit} = \frac{\text{Spartenumsatz}}{\text{Umsatzerlöse}} \cdot 100$$

Grundaussagen der Kennzahl (in %)
- Anteil der Umsatzerlöse einzelner Sparten bzw. Regionen am Gesamtumsatz zur Identifizierung künftiger Ertrags- oder Risikopotenziale,
- Aufdeckung von Kompensationseffekten zwischen verschiedenen Sparten bei Mehrjahresbetrachtung.

Schwächen der Kennzahl
- Interpretation verlangt detaillierte Branchenkenntnisse.
- Abhängigkeit von regelkonformer Abgrenzung der Umsatzerlöse im Abschluss.

Aufwandsquoten

Aufwandsquoten sind in Bezug auf alle wesentlichen Aufwandsposten ermittelbar, z. B.:

Personalaufwandsquote siehe Kapitel 7.4

$$\text{Materialaufwandsquote} = \frac{\text{Materialaufwand}}{\text{Umsatzerlöse}} \cdot 100$$

Grundaussagen der Kennzahl (in %)
- Hohe Quote weist hin auf hohe Fertigungstiefe des Unternehmens.
- Geringe Quote kann auf höhere Abhängigkeit vom Lieferanten bzw. vom Einkaufspreis hindeuten.

Schwächen der Kennzahl
- Interpretation abhängig von Art des Produkts; somit keine uneingeschränkte zwischenbetriebliche Vergleichbarkeit.
- Einfluss schwankender Einkaufs- und Verkaufspreise.

Die *Rentabilitätsanalyse* ermöglicht Aussagen zum Erfolg eines Unternehmens im Verhältnis zum eingesetzten Kapital und damit den zwischenbetrieblichen Vergleich der Ertragskraft von Unternehmen unterschiedlicher Größen.

Rentabilität

$$\text{EK-Rentabilität} = \frac{\text{Gewinn}}{\varnothing \text{ Eigenkapital (EK)}} \cdot 100$$

$$\text{GK-Rentabilität} = \frac{\text{Gewinn + Zinsaufwand}}{\varnothing \text{ Gesamtkapital (GK)}} \cdot 100$$

Das GK setzt sich hierbei aus EK und FK zusammen. Der Durchschnitt berechnet sich als arithmetisches Mittel von Anfangs- und Endbestand des Geschäftsjahres.

Grundaussagen der Kennzahlen (in %)
- Gewinn im Verhältnis zum eingesetzten Kapital (Rendite).
- Effizienz des Faktoreinsatzes Kapital; im Falle der GK-Rentabilität unabhängig von der Finanzierungsstruktur.
- Grundüberlegung zum Leverage-Effekt (siehe Kapitel 4.1).

Schwächen der Kennzahl
- Kein eindeutiger/alleiniger Ursache-Wirkung-Zusammenhang zwischen Kapitaleinsatz und Gewinn.
- Positive GK-Rentabilität trotz Jahresfehlbetrag denkbar.
- Lediglich Grundlage für Schätzung der zukünftigen Rentabilität (reine Vergangenheitsbetrachtung).

Return on Investment

$$\text{Return on Investment} = \frac{\text{Jahresüberschuss}}{\varnothing \text{ Gesamtkapital (GK)}} \cdot 100$$

Grundaussagen der Kennzahl (in %)
- Rendite aus Unternehmenssicht,
- Grundlage für Kennzahlensysteme.

Schwächen der Kennzahl
- ROI hängt von der Finanzierungsstruktur ab, da FK-Zinsen nicht wieder hinzugerechnet werden; damit auch mangelnde zwischenbetriebliche Vergleichbarkeit.
- Bilanzpolitische Beeinflussbarkeit (Alternative: Cashflow im Zähler).

Umsatzrentabilität

$$\text{Umsatzrentabilität} = \frac{\text{Jahresergebnis}}{\text{Umsatzerlöse}} \cdot 100$$

Grundaussagen der Kennzahl (in %)
- Hohe Kennzahl lässt auf hohe Effizienz schließen.
- Identifikation von Verbesserungspotenzialen im Vergleich mit anderen Betrieben.

Schwächen der Kennzahl
- Branchenabhängigkeit.
- Mangelnde zwischenbetriebliche Vergleichbarkeit bei unterschiedlichen Wertschöpfungsstrukturen.

Kapitalumschlagshäufigkeit

$$\text{Kapitalumschlagshäufigkeit} = \frac{\text{Umsatzerlöse}}{\varnothing\ \text{Gesamtkapital}}$$

Grundaussage der Kennzahl
- Intensität der Nutzung des Vermögens, insbesondere Vorräte

Schwächen der Kennzahl
- Umsatzerlöse aus Dienstleistungen verzerren das Ergebnis.
- Umsatzerlöse über Vorräte, die mangels wirtschaftlichen Eigentums nicht in der Bilanz gezeigt werden (z. B. Kommissionsware) verfälschen das Ergebnis.

Dividendenrendite siehe Kapitel 4.2

Kurs-Gewinn-Verhältnis (KGV) siehe Kapitel 4.2

EBITDA

	Jahresergebnis nach Steuern
+/−	Steueraufwand/Steuerertrag
+/−	Zinsaufwand/Zinsertrag
+/−	Außerordentliche(r) Aufwand/Erträge
=	EBIT (Earnings before Interest and Taxes)
+/−	Abschreibungen/Zuschreibungen AV
=	EBITDA (Earnings before Interest, Taxes, Depreciation and Amortization)

Grundaussagen der Kennzahl (in EUR)

- Operative Ertragskraft,
- Vergleichswert, weitgehend unabhängig von nationaler Besteuerung, Finanzierungsstruktur und Anlagenintensität (siehe Kapitel 3.3).

Schwächen der Kennzahl

- Bilanzpolitische Beeinflussbarkeit des Ergebnisses (z. B. Rückstellungsbewertung).
- In der Praxis unterschiedliche Definitionen verbreitet, z. B. ohne Berücksichtigung des Zinsertrags.

Die *Analyse der Wertschöpfung*, des Beitrags eines Unternehmens zum Nettoinlandsprodukt, dient im Wesentlichen der Einschätzung des Unternehmenserfolgs unabhängig von der Finanzierungsstruktur des Unternehmens.

Fertigungstiefe

$$\text{Fertigungstiefe} = \frac{\text{Wertschöpfung}}{\text{Gesamtleistung}} \cdot 100$$

Die *Wertschöpfung* ergibt sich gemäß der folgenden Berechnung:

	Umsatzerlöse	
+/–	Bestandsveränderungen	
+	Aktivierte Eigenleistungen	
+	Sonstige betriebliche Erträge (ohne Veräußerungs- bzw. Bewertungserträge, Subventionen, periodenfremde Komponenten)	
=	*Produktionswert*	
		Materialaufwand
	+	Abschreibungen, soweit im GJ verbrauchsbedingt (z. B. nicht außerplanmäßige Abschreibungen)
	+	Sonstige betriebliche Aufwendungen (ohne Veräußerungs- bzw. Bewertungserträge, periodenfremde Komponenten)
–	=	Vorleistungen
=	Wertschöpfung	

Die *Gesamtleistung* (nach dem GKV) setzt sich zusammen aus der Summe der Umsatzerlöse, der Bestandsveränderungen und der anderen aktivierten Eigenleistungen. Im UKV sind im Nenner die Umsatzerlöse zu berücksichtigen.

Grundaussagen der Kennzahl (in %)
- Anteil des im Unternehmen selbst erarbeiteten Produktionswerts.
- Hohe Quote weist auf hohe Fertigungstiefe des Unternehmens hin.
- Geringe Quote kann auf höhere Abhängigkeit vom Lieferanten bzw. Einkaufspreis hindeuten.

Schwächen der Kennzahl
- Starke Branchenabhängigkeit.
- Für unternehmensexterne Analysten kaum Verfügbarkeit aller für die Ermittlung der Wertschöpfung erforderlichen Informationen gegeben.

Kennzahlensysteme

Über *Kennzahlensysteme* wird versucht, verschiedene Kennzahlen in eine mathematisch-logische Beziehung zueinander zu setzen, um Interdependenzen offenzulegen. Ein klassisches Beispiel ist das *ROI-System*, bei dem durch mathematische Umformungen die Abhängigkeit des Return on Investment von anderen Kennzahlenausprägungen dargestellt wird:

$$ROI = EKR \cdot EKQ = UR \cdot KUH$$

ROI – Return on Investment
EKR – Eigenkapitalrentabilität, siehe Kapitel 4.1
EKQ – Eigenkapitalquote, siehe Kapitel 3.4
UR – Umsatzrentabilität
KUH – Kapitalumschlagshäufigkeit

4 Finanzierung

4.1 Finanzplanung

Kurzfristige Finanzplanung

Die kurzfristige Finanzplanung beschäftigt sich mit der Liquiditätssituation der nächsten 12 Monate, wobei Liquidität verstanden werden kann als

- Zahlungsmittelbestand in einem Zeitpunkt,
- jederzeitige Zahlungsfähigkeit,
- Fähigkeit, einen Vermögensgegenstand in Zahlungsmittel umzuwandeln (Liquidierbarkeit),
- Deckungsverhältnis von Vermögensteilen zu Verbindlichkeiten (statische Liquiditätskennziffern).

Statische Liquiditätskennziffern

1. Grades	$\frac{\text{Zahlungsmittel}}{\text{kurzfristige Verbindlichkeiten}}$
2. Grades	$\frac{\text{Zahlungsmittel + kurzfr. Forderungen}}{\text{kurzfristige Verbindlichkeiten}}$
3. Grades	$\frac{\text{Zahlungsmittel + kurzfr. Ford. + Vorräte}}{\text{kurzfristige Verbindlichkeiten}}$

Als statisch werden sie deshalb bezeichnet, weil sie die Gegebenheiten in einem Zeitpunkt beschreiben. Je höher die Kennziffer, desto eher kann ein Unternehmen seinen Zahlungsverpflichtungen nachkommen – am fraglichen Stichtag. Fälligkeiten bei den langfristigen Verbindlichkeiten oder neue kurzfristige Verbindlichkeiten können dies schnell ändern. Ferner können sowohl nichtbilanzierte Zahlungsverpflichtungen (z. B. Gehälter, anstehende Ausschüttungen, Haftungsverhältnisse) als auch Finanzierungsmöglichkeiten (Kapitalerhöhungen, freie Kreditlinien) bestehen. Zur Beurteilung der längerfristigen Liquiditätslage oder des Insolvenzrisikos sind sie daher wenig geeignet.

Working Capital siehe Kapitel 3.4

Cashflow

Unter Cashflow (CF) versteht man allgemein den Nettobetrag, der sich aus den Ein- und Auszahlungen in einer Periode ergibt:

$$\text{Cashflow} = \sum \text{Einzahlungen} - \sum \text{Auszahlungen}$$

Er kann in direkter Form aus der Kapitalflussrechnung entnommen werden, die die Zahlungsströme enthält aus (siehe Kapitel 3.4)

- operativer (betrieblicher) Tätigkeit,
- Investitionstätigkeit sowie
- Finanzierungsaktivitäten (Auszahlungen für fällige Finanzmittel sowie Einzahlungen aus neu aufgenommenem Kapital).

$$\text{Operativer CF} = \sum \text{betriebliche Einzahlungen} - \sum \text{betriebliche Auszahlungen}$$

Der Operative Cashflow ist der Nettomittelzufluss aus der betrieblichen Tätigkeit, er kann auch indirekt aus dem Jahresergebnis mit bestimmten Zuschreibungen und Abzügen hergeleitet werden (siehe Kapitel 3.4).

Da zahlungsunwirksame Aufwendungen und Erträge für Externe nicht ohne weiteres erkennbar sind, wird häufig mit einer Näherung gearbeitet:

	Jahresüberschuss nach Steuern
+	Abschreibungen/-Zuschreibungen
+	Zuführung zu/-Auflösung von Rückstellungen
=	Brutto-Cashflow

Der freie (operative) Cashflow entsteht nach Abzug des Cashflows für Investitionstätigkeit:

	(operativer) Cashflow
–	Cashflow aus Investitionstätigkeit
=	freier (operativer) Cashflow

Er steht zur Bedienung der Kapitalgeber oder zur Innenfinanzierung zur Verfügung. Zwar lassen sich daraus keine unmittelbaren Rückschlüsse auf die Ertragslage ziehen, wohl aber ergänzende Informationen beispielsweise für die Unternehmensbewertung. Von Start- oder Investitionsphasen abgesehen sollten positive Werte vorliegen. Bei der Interpretation helfen relative Kennziffern, die den Anteil des Cashflows im Verhältnis zum Umsatz, Gesamtkapital oder Eigenkapital angeben (Krause/Arora 2010, S. 84 ff.).

Finanzbedarf und Finanzplan

Liquide ist ein Unternehmen dann, wenn der Anfangsbestand an Zahlungsmitteln zuzüglich der erwarteten Einzahlungen die erwarteten Zahlungsverpflichtungen übertrifft; widrigenfalls ergibt sich ein Kapital- oder Finanzbedarf (je nach Laufzeit) in Höhe von:

Finanzbedarf einer Periode

$= \sum$ erwartete Auszahlungen

$- \sum$ erwartete Einzahlungen

– Zahlungsmittelbestand zu Beginn der Periode

Sowohl Überliquidität wie Unterliquidität sind möglichst zu vermeiden, weil das eine dem Ziel der Rentabilität, das andere dem der Liquidität entgegensteht.

	Lfd. Monat					**nächster Monat**	…	**Quartal**
	Tage		**Wochen**					
Anfangsbestand ZM								
+ Einzahlungen								
– Auszahlungen								
Endbestand ZM								

Der Finanzplan in der Tabelle enthält die periodisch geordneten erwarteten Ein- und Auszahlungen, die zusammen mit dem Anfangsbestand an Zahlungsmitteln (ZM) deren Endbestand ergeben; falls dieser negativ ist, besteht Finanzbedarf.

Der Finanzplan ist Teil der Unternehmensplanung und interagiert mit anderen Teilplänen wie insbesondere dem Absatz-, Personal- und Produktionsplan. Teile der Zahlungsströme sind gut prognostizierbar, weil sie unternehmensintern kontrolliert werden können (Investitionen), für andere Teile gilt das nicht (Verkaufserlöse). Hier helfen Prognoseverfahren wie gleitende Durchschnitte oder die exponentielle Glättung (Olfert 2011, S. 109 ff.).

Langfristige Finanzplanung
Die langfristige Finanzplanung zielt weniger auf die Zahlungsfähigkeit als auf die Kapitalstruktur und deren Optimierung. Daher haben die Bilanzstrukturkennzahlen eher den Charakter von Zielsetzungen, weniger von Zustandsbeschreibungen wie die Liquiditätskennziffern.

Vertikale Bilanzstrukturkennzahlen
Zu den vertikalen Bilanzstrukturkennzahlen zählen die *Eigenkapitalquote*, die *Fremdkapitalquote* und der *Verschuldungsgrad* (siehe Kapitel 3.4).
Welcher Verschuldungsgrad bzw. welche Eigenkapitalquote erstrebenswert ist, lässt sich nicht allgemeingültig festlegen; hier helfen branchentypische Vergleiche. Grundsätzlich gilt: Hohe EK-Quoten verringern das Risiko, belasten aber die Rentabilität.

Horizontale Finanzierungsregeln

Goldene Bilanzregeln	$\frac{\text{EK + langfristiges FK}}{\text{Anlagevermögen (AV)}} \geq 1$ $\frac{\text{EK + langfristiges FK}}{\text{AV + langfristiges UV}} \geq 1$
Goldene Finanzierungsregel	$\frac{\text{langfristiges Vermögen}}{\text{langfristiges Kapital}} \leq 1$

Grundidee der horizontalen Finanzierungsregeln (Olfert 2011, S. 424, Wöhe/Döring 2008, S. 653), die mit den Anlagedeckungsgraden verwandt sind (siehe Kapitel 3.4), ist die Finanzierung der Aktiva mit Finanzmitteln, die mindestens genauso lange zur Verfügung stehen wie die Aktiva (Fristenkongruenz),

folglich sollte langfristiges Vermögen mit langfristigem Kapital in mindestens gleicher Höhe finanziert werden (Goldene Finanzierungsregel).
Sinngemäß gelten die gleichen Einschränkungen wie bei den Finanzierungsregeln: Es handelt sich um stichtagsbezogene, statische Betrachtungen; solide Werte verbessern die Kreditwürdigkeit und die Zahlungsfähigkeit, garantieren sie aber nicht.

Dynamischer Verschuldungsgrad

$$\text{Dynamischer Verschuldungsgrad} = \frac{\text{Verschuldung}}{\text{Cashflow}}$$

Wenn der Cashflow in Jahreswerten ausgedrückt wird, so gibt der dynamische Verschuldungsgrad an, in wie vielen Jahren die Verschuldung aus dem laufenden Cashflow abgelöst werden könnte. Im Gegensatz zu den statischen Kennziffern ist sie zeitraumbezogen. Kleinere Werte bedeuten höhere Schuldentragfähigkeit. Sinnvollerweise sollten die Netto-Verschuldung (abzgl. liquider Mittel) und der freie operative Cashflow verwendet werden (Eayrs u. a. 2011, S. 206).

Leverage-Effekt und optimale Kapitalstruktur
Die Eigenkapitalrendite (siehe Kapitel 3.5) ist definiert als

$$r_e = \frac{\text{Gewinn}}{\text{EK}}$$

Da der Gewinn die Residualgröße ist, die nach Zahlung der Zinsen auf das Fremdkapital verbleibt, ergibt sich nach einigen Umformungen:

$$r_e = r + (r - i) \cdot \frac{\text{FK}}{\text{EK}}$$

r – GK-Rendite; r_e – EK-Rendite; i – FK-Zinsen

Sofern die Gesamtkapitalrendite die Fremdkapitalkosten übersteigt ($r > i$), nimmt die Eigenkapitalrendite mit zunehmendem Verschuldungsgrad zu; dies bezeichnet man als Leverage-Effekt.

Diese Hebelwirkung stößt an Grenzen, da die Risiken mit zunehmendem Verschuldungsgrad zunehmen und die Fremdkapitalgeber höhere Zinsen verlangen. Optimal ist der Verschuldungsgrad dann, wenn die Gesamtkapitalkosten minimiert werden; bei gegebenem Gewinn maximiert dies zugleich den Unternehmenswert.

Kapitalkosten
Für diverse Zwecke (Unternehmensbewertung, Investitionsrechnung) wird ein Diskontierungszins benötigt, der die Kosten für die langfristige Kapitalaufnahme angibt. Eine Möglichkeit besteht darin, die Kosten für Eigen- und Fremdkapital mit ihren Anteilen zu gewichten (WACC – Weighted Average Cost of Capital):

$$\text{WACC} = r_e \cdot \frac{\text{EK}}{\text{GK}} + i \cdot \frac{\text{FK}}{\text{GK}}$$

r_e ist in diesem Kontext als von den Eigentümern geforderte Eigenkapitalrendite zu verstehen, die nach der Kapitalmarkttheorie bestimmt werden kann:

CAPM siehe Kapitel 8.2

WAAC mit Steuern siehe Kapitel 8.2

4.2 Außenfinanzierung

Unter Außenfinanzierung versteht man die Zuführung zusätzlicher Finanzmittel durch unternehmensexterne Kapitalgeber in Form von Eigenkapital (Beteiligungsfinanzierung) oder Fremdkapital (Fremdfinanzierung). Diese beiden Grundformen unterscheiden sich in formaler Hinsicht vor allem in der Rechtsstellung der Kapitalgeber sowie inhaltlich in den Laufzeiten und der Verzinsung.

Beteiligungsfinanzierung

Aktienbewertung

Der Marktwert einer Aktiengesellschaft entspricht dem Aktienkurs multipliziert mit der Anzahl der ausgegebenen Aktien:

$$\text{Marktwert} = \text{Aktienkurs} \cdot \text{Anzahl der Aktien}$$

Dieser ist nicht identisch mit dem bilanzierten Eigenkapital, das gerne auch als relative Größe ausgewiesen wird:

$$\text{Bilanzkurs} = \frac{\text{bilanziertes EK}}{\text{Grundkapital}}$$

bzw. unter Einbeziehung stiller Reserven als

$$\text{korr. Bilanzkurs} = \frac{\text{bilanziertes EK} + \text{stille Reserven}}{\text{Grundkapital}}$$

Ein Bilanzkurs von größer als 1 (bzw. 100 %) zeigt, dass die AG über das Grundkapital hinaus Rücklagen gebildet hat; er gibt insofern Hinweise auf die vergangene Entwicklung. Der Marktwert oder Ertragswert K_0 dagegen kann verstanden werden als der mit einem risikoadjustierten Diskontierungszins (i) abgezinste Barwert der erwarteten zukünftigen Gewinne (siehe Kapitel 5.2):

$$K_0 = E_0 + E_1 \cdot (1+i)^{-1} + \ldots + E_T \cdot (1+i)^{-T}$$

Als Pendant zum Bilanzkurs kann der Ertragskurs definiert werden als

$$\text{Ertragskurs} = \frac{\text{Ertragswert}}{\text{Grundkapital}}$$

Unterstellt man einen konstanten und unendlichen Gewinn in Höhe von E pro Jahr, so führt die Diskontierung zu (siehe Kapitel 5.2):

$$K_0 = E \cdot (1+i)^{-1} + \ldots + E \cdot (1+i)^{-T} = E / i$$

Definiert man die entsprechenden Größen pro Aktie (siehe Kapitel 3.2)

$$\text{Kurs pro Aktie} = \frac{\text{Marktwert}}{\text{Anzahl der Aktien}}$$

$$\text{Gewinn pro Aktie} = \frac{\text{Gewinn}}{\text{Anzahl der Aktien}}$$

gelangt man durch Division der beiden zum Kurs-Gewinn-Verhältnis (KGV):

$$\text{KGV} = \frac{\text{Kurs pro Aktie}}{\text{Gewinn pro Aktie}} = \frac{\text{Marktwert}}{\text{Gewinn}}$$

Die Umformung der Barwertgleichung $K_0 = E/i$ zeigt, dass das Kurs-Gewinn-Verhältnis als Kehrwert des Diskontierungszinses interpretiert werden kann:

$$\frac{K_0}{E} = \frac{1}{i} = \text{KGV}$$

KGV-Werte bewegen sich in der Größenordnung zwischen 5 und 20. Ein hoher KGV-Wert (z. B. 20) bedeutet zwar eine niedrige Verzinsung des Kapitals (5 %), geht aber häufig mit der Erwartung auf steigende Gewinne einher. Niedrige KGV-Werte (z. B. 5 für Banken in der Finanzkrise) bedeuten zwar eine hohe Verzinsung (20 %), können aber auch hohe Risiken anzeigen.
Eine weitere Kennziffer zur Bewertung von Aktien ist die Dividendenrendite:

$$\text{Dividendenrendite} = \frac{\text{Dividende}}{\text{Kurs}}$$

Hohe Dividendenrenditen belegen zwar eine anlegerfreundliche Ausschüttungspolitik, lassen aber keinen unmittelbaren Schluss auf die Ertragslage zu. Diese Kennziffer sollte daher im Kontext mit weiteren Informationen interpretiert werden.

Kapitalerhöhung
Die ordentliche Kapitalerhöhung einer AG als wichtigste Form unter weiteren Möglichkeiten besteht in der Ausgabe neuer (junger) Aktien, für deren Erwerb die bisherigen Eigentümer (Altaktionäre) ein Bezugsrecht erhalten. Von anderen Aspekten abgesehen wird eine AG übrigens eher geneigt sein, eine Kapitalerhöhung durchzuführen, wenn ihr KGV hoch ist, weil sie dann einen attraktiven Preis für die neuen Aktien erhält.
Der Ausgabekurs der neuen Aktien (K_n) muss so gewählt werden, dass er durch einen Abschlag gegenüber dem Kurs der alten Aktien (K_a) einen Kaufanreiz bietet. Dadurch erhält das Bezugsrecht einen wirtschaftlichen Wert in Höhe von B:

$$B = \frac{K_a - K_n}{\frac{a}{n} + 1}$$

a – Anzahl der alten Aktien; n – Anzahl der neuen Aktien; a/n – Bezugsverhältnis

Nach der Kapitalerhöhung sollte sich ein Mischkurs einstellen aus dem gewichteten Kurs der alten und neuen Aktien

$$\text{Kurs nach Kapitalerhöhung} = \frac{a \cdot K_a + n \cdot K_n}{a + n}$$

der zwar um den Wert des Bezugsrechts unter dem alten Kurs liegt,

$$K_a - \frac{a \cdot K_a + n \cdot K_n}{a + n} = B$$

aber um das sich aus der Multiplikation mit dem Bezugsverhältnis ergebende Vielfache des Bezugsrechtswerts über dem Ausgabekurs der neuen Aktien:

$$K_n + \frac{a}{n} \cdot B = \frac{a \cdot K_a + n \cdot K_n}{a+n}$$

Für Altaktionäre, die an der Kapitalerhöhung teilnehmen, gleicht der Gewinn aus den neuen Aktien den Verlust aus den alten genau aus.

BEISPIEL 4-1

Der Kurs der Muster-AG liegt bei 100 EUR. Sie hat bisher 6 Millionen Aktien ausgegeben und plant eine Kapitalerhöhung durch die Ausgabe von weiteren 2 Millionen Aktien zu einem Kurs von 80. Das Bezugsverhältnis ist folglich a/n = 6 : 2 = 3:1. Das Bezugsrecht hat einen Wert von

$$B = \frac{100 - 80}{\frac{3}{1} + 1} = 5$$

Der Mischkurs nach der Kapitalerhöhung beträgt

$$\text{Kurs nach Kapitalerhöhung} = \frac{3 \cdot 100 + 1 \cdot 80}{3+1} = 95$$

Ein Altaktionär, der vor der Kapitalerhöhung 3 Aktien im Wert von zusammen 300 EUR besaß, verfügt nach Bezug einer jungen Aktie zu 80 EUR über nunmehr 4 Aktien zu je 95 EUR im Gesamtwert von 380 EUR. Er hat zwar an den Altaktien je 5 EUR verloren, aber an der jungen Aktie 15 EUR gewonnen.

Fremdfinanzierung

Fremdkapital hat i. d. R. eine feste Laufzeit und einen definierten Zinsanspruch.

Lieferantenkredit

Räumt ein Lieferant bei Rechnungsstellung die Möglichkeit einer späteren Bezahlung ein, so wird dies als Lieferantenkredit bezeichnet. Um dennoch einen Anreiz für eine frühzeitige Begleichung der Rechnung zu schaffen, wird dafür ein Abschlag (Skonto) auf den Rechnungsbetrag eingeräumt, etwa mit folgen-

der Formulierung: Zahlbar innerhalb von 30 Tagen oder innerhalb von 7 Tagen mit 2 % Skonto.
Der damit implizit definierte Zinssatz (i) beträgt näherungsweise:

$$i = \frac{\text{Skonto in \%}}{T} \cdot 365$$

mit T als Anzahl der Zinstage zwischen den Zahlungsterminen mit und ohne Skonto. Die jährliche effektive Verzinsung (i_{eff}) bei revolvierender Inanspruchnahme von Lieferantenkrediten über ein ganzes Jahr beträgt incl. Zinseszinsen:

$$i_{eff} = \left[\left(\frac{\text{Rechnungsbetrag}}{\text{Rechnungsbetrag} - \text{Skontobetrag}}\right)^{365/T} - 1\right] \cdot 100$$

Der Unterschied zwischen den beiden Zinsen i und i_{eff} besteht darin, dass Letzterer Zinseszinsen einbezieht.
Der Lieferantenkredit gilt als eine sehr teure Form der kurzfristigen Finanzierung, allerdings auch als eine sehr flexible, weil der Betrag und die Terminierung exakt passen.

BEISPIEL 4-2

Ein Betrag von 100 ist zahlbar innerhalb von 30 Tagen oder innerhalb von 7 Tagen mit 2 % Skonto. Der Effektivzins beträgt

$$i_{eff} = \left[\left(\frac{100}{98}\right)^{365/23} - 1\right] \cdot 100 = 37{,}80\ \%$$

bzw. näherungsweise

$$i = \frac{2}{23} \cdot 365 = 0{,}3174 = 31{,}74\ \%$$

Wechsel

Ein Wechsel ist eine in einer bestimmten Form ausgestellte Urkunde, die ein Zahlungsversprechen dokumentiert. Die Laufzeiten liegen gewöhnlich bei einigen Wochen oder Monaten. Wechsel weisen keinen expliziten Nominalzins aus, sondern erreichen die Verzinsung des bereitgestellten Kapitals indirekt mit einem Abschlag gegenüber dem bei Fälligkeit zahlbaren Betrag (Nominalbetrag); sie werden deshalb auch als Diskontpapiere bezeichnet. Dieser Abschlag, Diskont oder Diskontbetrag genannt, wird berechnet mithilfe des Diskontsatzes i_d, der auf die entsprechende Laufzeit in Tagen (T) angewendet wird:

$$\text{Diskontbetrag} = \text{Nominalbetrag} \cdot \frac{i_d \text{ in } \%}{100} \cdot \frac{T}{360}$$

Der Diskontbetrag wird also nicht mittels Diskontierung berechnet (siehe Kapitel 5.2). Der Diskontsatz entspricht nicht dem effektiven jährlichen Zinssatz, dieser wird sinngemäß wie beim Lieferantenkredit berechnet:

$$i_{eff} = \left[\left(\frac{\text{Nominalbetrag}}{\text{Nominalbetrag} - \text{Diskontbetrag}}\right)^{360/T} - 1\right] \cdot 100$$

Hier wie auch bei den Commercial Papers wird üblicherweise auf 360 Tage hochgerechnet, um die Vergleichbarkeit mit der am Geldmarkt üblichen Verzinsung herzustellen.

Commercial Paper (CP)

CPs haben mit den Wechseln die kurzen Laufzeiten und den Diskontcharakter gemeinsam, stellen aber als Inhaberschuldverschreibungen Wertpapiere dar. Der Abschlag kann wie beim Wechsel berechnet werden, Standard ist aber eher die Diskontierung mit einem vorgegebenen Zinssatz i, um den Barwert K_0 zu erhalten, der bei Kauf des CP zu zahlen ist:

$$K_0 = \frac{\text{Nominalbetrag}}{1 + \frac{i \text{ in } \%}{100} \cdot \frac{T}{360}}$$

Daraus lässt wie sich wie beim Wechsel der jährliche effektive Zins bestimmen:

$$i_{eff} = \left[\left(\frac{\text{Nominalbetrag}}{K_0}\right)^{360/T} - 1\right] \cdot 100$$

BEISPIEL 4-3

Eine Unternehmung kann für eine Laufzeit von 90 Tagen und einen Betrag von 1 Million entweder einen Wechsel mit einem Diskontsatz von $i_d = 4\,\%$ ausstellen oder ein CP mit einem Zins von $i = 4\,\%$. Welche Variante ist günstiger?

Da Laufzeit und Nominalbetrag identisch sind, genügt es, die Beträge zu vergleichen, die der Unternehmung ggf. zur Verfügung gestellt würden:

$$\text{Wechsel: } 1.000.000 \cdot \left(1 - \frac{4}{100} \cdot \frac{90}{360}\right) = 990.000$$

$$\text{CP:} \quad K_0 = \frac{1.000.000}{1 + \frac{4}{100} \cdot \frac{90}{360}} = 990.099{,}01$$

Der Wechsel liefert das schlechtere Ergebnis und hat folglich auch den höheren jährlichen effektiven Zins:

$$i_{eff}\,(\text{Wechsel}) = \left[\left(\frac{1.000.000}{990.000}\right)^{\frac{360}{90}} - 1\right] \cdot 100 = 4{,}10\,\%$$

gegenüber dem CP mit

$$i_{eff}\,(\text{CP}) = \left[\left(\frac{1.000.000}{990.099{,}01}\right)^{\frac{360}{90}} - 1\right] \cdot 100 = 4{,}06\,\%$$

Langfristiger Bankkredit

Der Zahlungsstrom eines langfristigen Kredites ist im Standardfall durch einen jährlich zahlbaren festen Zinssatz und eine Tilgung in einer Summe am Ende der Laufzeit definiert. Als Sonderformen sind gebräuchlich:

- Disagio: Abschlag gegenüber dem Nominalwert bei Auszahlung des Kredits.
- Ratentilgung: Tilgung in vereinbarten Teilbeträgen, beispielsweise jährlich gleichmäßig über die Laufzeit verteilt.
- Annuität: gleichmäßige periodische Zahlung als Summe aus Zins und Tilgung (siehe Kapitel 5.2).
- Variable Verzinsung: gekoppelt an einen Referenzzins, beispielsweise den Geldmarktzins Euribor.

Der effektive Zinssatz (interne Verzinsung oder Rendite) (siehe Kapitel 5.2) wird berechnet als derjenige Zins (r), der bei der Diskontierung verwendet einen Barwert K_0 von null ergibt:

$$K_0 = E_0 - E_1 \cdot (1+r)^{-1} - \ldots - E_T \cdot (1+r)^{-T} = 0$$

Aus Sicht des Kreditnehmers bezeichnet E_0 die Einzahlung, die bei Kreditaufnahme entsteht, und E_1 bis E_T die Zins- und Tilgungszahlungen in den Jahren 1 bis T. Im Standardfall einer endfälligen Tilgung des Kreditbetrages (B) und eines festen, jährlich zahlbaren Nominalzinses (i, in Kommastellen)

$$K_0 = +B - i \cdot B \cdot (1+r)^{-1} - \ldots - (1+i) \cdot B \cdot (1+r)^{-T} = 0$$

stimmt der Effektivzins mit dem Nominalzins überein: r = i. Das gleiche gilt auch für die Ratentilgung und die Annuität, sofern kein Disagio oder sonstige Nebenkosten vorliegen.

Die Annuität (E) ergibt sich aus der Multiplikation des Kreditbetrages mit dem Annuitätenfaktor (siehe Kapitel 5.2):

$$E = B \cdot AF$$

Ein Disagio kann verstanden werden als eine vorgezogene Zinszahlung. Der Auszahlungsbetrag (A) ist nun um den Disagio niedriger als der Kreditbetrag und der Nominalzins liegt folglich unter dem effektiven Zins. Um Letzteren zu bestimmen, ist die Barwertgleichung

$$K_0 = +A - i \cdot B \cdot (1+r)^{-1} - \ldots - (1+i) \cdot B \cdot (1+r)^{-T} = 0$$

nach r zu lösen, was per Hand näherungsweise entweder mithilfe der regula falsi (siehe Kapitel 5.2) durch Vorgabe zweier versuchsweiser Zinssätze und anschließender Interpolation zu bewerkstelligen ist

$$r \approx i_1 - K_0(i_1) \cdot \frac{i_2 - i_1}{K_0(i_2) - K_0(i_1)}$$

oder in gröberer Näherung durch gleichmäßige Verteilung des Disagios (B – A) auf die Laufzeit und den Auszahlungsbetrag:

$$r \approx \frac{i \text{ in}\,\% + (B - A)/T}{A}$$

BEISPIEL 4-4

Ein Bankkredit hat einen Nominalzins von 5 %, einen ebenso hohen Disagio, einen Betrag von 100 sowie eine Laufzeit von 5 Jahren. Die grobe Näherung liefert einen Effektivzins von

$$r \approx \frac{5 + (100 - 95)/5}{95} = \frac{6}{95} = 0{,}0632 \text{ bzw. } 6{,}32\,\%$$

Für die regula falsi wären daher Diskontierungszinsen von 6 % und 7 % naheliegend:

$$r \approx 0{,}06 - (-0{,}79) \cdot \frac{0{,}07 - 0{,}06}{3{,}20 - (-0{,}79)} = 0{,}06198 \text{ bzw. } 6{,}20\,\%$$

Auch dies ist ein Näherungswert, allerdings ein ziemlich guter: Der genaue Wert liegt bei 6,1932 %

Anleihe

Anleihen unterscheiden sich von den Bankkrediten in einigen äußeren Merkmalen: Sie stellen Wertpapiere dar, die in Teilbeträgen von einer Vielzahl von Anlegern übernommen werden können. Der Nominalzins wird hier Kupon genannt, die effektive

Verzinsung Rendite. Der Emittent (Schuldner) hat bei deren Berechnung Gebühren für die Dienstleistungen von Finanzinstituten einzubeziehen sowie ggf. einen Auf- oder Abschlag (Agio bzw. Disagio) als Differenz zwischen dem Nominalwert und dem Ausgabekurs, der der Feinjustierung der Rendite dient.
Die Kurse von Anleihen werden nicht auf den Nominalbetrag, sondern auf einen Normwert von 100 bezogen, was aber nicht mit der Stückelung übereinstimmen muss.
Die Rendite einer Anleihe kann sinngemäß wie beim Bankkredit berechnet werden aus der Barwertgleichung

$$K_0 = +A - i \cdot B \cdot (1+r)^{-1} \ldots - (1+i) \cdot B \cdot (1+r)^{-T} = 0$$

bzw. in Kurseinheiten

$$K_0 = +A - i \cdot 100 \cdot (1+r)^{-1} \ldots - (1+i) \cdot 100 \cdot (1+r)^{-T} = 0$$

wobei A als Auszahlungsbetrag nach Agio/Disagio sowie Gebühren zu verstehen ist und i als Kupon. Zur Bestimmung der Rendite können die o.g. Näherungsformeln verwendet werden. Es gilt:

$$\text{Kurs} > 100 \rightarrow r < i$$
$$\text{Kurs} = 100 \rightarrow r = i$$
$$\text{Kurs} < 100 \rightarrow r > i$$

4.3 Innenfinanzierung

Werden die Finanzmittel aus der betrieblichen Aktivität selbst geschöpft, so spricht man von Innenfinanzierung, deren wesentliche Determinante ein positiver Cashflow ist.

$$\text{Innenfinanzierungsfähigkeit} = \frac{\text{Operativer Cashflow}}{\text{Nettoinvestitionen}}$$

Ein Wert von unter 1 zeigt an, dass die Nettoinvestitionen nicht aus dem laufenden Umsatzprozess finanziert werden können (Eayrs u.a. 2011, S. 203).

Behält eine Unternehmung erwirtschaftete Gewinne ein, so wird dies als Selbstfinanzierung bezeichnet.

Selbstfinanzierungsgrad siehe Kapitel 3.4

Sie kann offen über eine Erhöhung der Eigenkapitalposition ausgewiesen werden oder still über die Bildung entsprechender Reserven erfolgen; in beiden Fällen stehen zusätzliche Finanzmittel zur Verfügung.
Das gleiche gilt für Aufwendungen, denen keine Auszahlungen in der gleichen Periode gegenüberstehen. Bei Rückstellungen, z.B. für Pensionen, erfolgen die Auszahlungen in der Zukunft, bis dahin stehen die Mittel zur Verfügung. Bei Abschreibungen ist die Auszahlung bereits in der Vergangenheit erfolgt, sie wird anteilig durch den Umsatzprozess wieder vereinnahmt.

Finanzierung aus Abschreibungsgegenwerten und Kapazitätserweiterungseffekt
Abschreibungen haben dann eine indirekte Finanzierungswirkung, wenn sie als Teil der kalkulierten Kosten über Umsatzerlöse zu Einzahlungen führen. Diese können entweder bis zu einem fälligen Ersatz des Abschreibungsgegenstandes für andere Zwecke eingesetzt oder aber, entsprechende Teilbarkeit vorausgesetzt, zur Kapazitätserweiterung verwendet werden bis zu einem maximalen Vielfachen der ursprünglichen Kapazität in Höhe von (Lohmann-Ruchti-Effekt):

$$\text{Kapazitätserweiterungsfaktor} = \frac{2}{1 + 1/T}$$

Dabei wird eine lineare Abschreibung über die Laufzeit von T Jahren unterstellt.

5 Investition

Investitionen stellen zahlungstechnisch Auszahlungen dar, die i. d. R. zur Erweiterung des Anlagevermögens getätigt werden und die zu zukünftigen Einzahlungen führen. Die Investitionsrechnung beschäftigt sich vor allem mit zwei Fragen:

- Ist eine Investition überhaupt sinnvoll?
- Falls es Alternativen gibt – welche ist vorzuziehen?

Statische und dynamische Verfahren unterscheiden sich dadurch, dass sie die zeitliche Verteilung der Zahlung unterschiedlich berücksichtigen. Die zukünftigen Zahlungen haben zwar Prognosecharakter, rechnerisch werden sie jedoch so behandelt, als ob sie sicher eintreten würden.

5.1 Statische Verfahren

Statische Verfahren gehen von Durchschnittswerten aus und ignorieren die zeitliche Verteilung der Zahlungsströme weitgehend; in diesem Sinn haben sie den Charakter von Einperiodenmodellen.

Kostenvergleichsrechnung

Die Kostenvergleichsrechnung geht davon aus, dass in jedem Falle investiert wird und nur die Wahl der kostengünstigsten Alternative ansteht. Die Fokussierung auf die Kosten ist nur dann zu rechtfertigen, wenn die Investitionsentscheidung keinen Einfluss auf die Erlöse hat wie beispielsweise bei Ersatzinvestitionen.

Die Entscheidungsregel lautet:

- Wähle die Alternative mit den geringeren Kosten.

Unterstellt man ferner identische variable Kosten bei den Alternativen, verbleiben zwei Kostenblöcke:

$$\text{Kosten}(K) = \text{Abschreibungen}(Ab) + \text{Zinsen}\ (Z)$$

Kalkulatorische Abschreibungen:

$$Ab = \frac{A_0 - RW}{n}$$

Kalkulatorische (oder tatsächliche) Zinsen:

$$Z = i \cdot \frac{A_0 + RW}{2}$$

A_0 – Anschaffungskosten, RW – Restwert (Liquidationserlös); n – Nutzungsdauer in Jahren, i – Zinssatz (als Dezimalzahl, nicht in Prozent)

Die kalkulatorischen Abschreibungen unterstellen einen Werteverzehr aus der Differenz zwischen Anfangs- und Restwert der Investition, der gleichmäßig über die Nutzungsdauer verteilt wird. Der kalkulatorische Zinsaufwand entsteht aus der Multiplikation eines sinnvoll gewählten Zinssatzes mit der Höhe des durchschnittlich gebundenen Kapitals.

BEISPIEL 5-1

Ein Taxiunternehmen braucht einen neuen Wagen und kann die Marken B(illig) oder T(euer) erwerben. Annahmen:
a) Der Kalkulationszins beträgt 10 % (i = 0,1).
b) B kostet 40.000 EUR, T kostet 60.000 EUR.
c) B läuft 5 Jahre und hat einen Restwert von 5.000 EUR.
d) T läuft 8 Jahre und hat einen Restwert von 10.000 EUR.
e) Die laufenden Kosten sind bei beiden identisch.

Daraus ergeben sich jährliche Kosten für Abschreibungen und Zinsen in Höhe von:

$$K(B) = \frac{40.000 - 5.000}{5} + 0{,}1 \cdot \frac{40.000 + 5.000}{2} = 9.250$$

$$K(T) = \frac{60.000 - 10.000}{8} + 0{,}1 \cdot \frac{60.000 + 10.000}{2} = 9.750$$

Die Alternative T ist offensichtlich etwas teurer. Sollten die variablen Kosten der Alternativen unterschiedlich sein, so sind diese einzubeziehen.

Fazit: Die Kostenvergleichsrechnung ist nur sinnvoll anzuwenden, wenn die Erlöse nicht von der gewählten Alternative abhängen und sie in jedem Fall die Kosten übersteigen.

Gewinnvergleichsrechnung
Sollten die Erlöse der Alternativen unterschiedlich sein, greift der alleinige Blick auf die Kosten zu kurz. Jetzt gilt es, die Alternative zu bestimmen, die den Gewinn maximiert. Damit geht auch die Frage einher, ob überhaupt ein solcher entsteht bzw. welche Ausbringungsmenge dazu mindestens notwendig ist.

$$G = E - K = p \cdot X - K_f - k \cdot X$$

G – Gewinn; E – Erlös; p – Preis pro Stück; X – Menge (Stück); K_f – Fixkosten; k – variable Stückkosten

Die Entscheidungsregel lautet:
- Wähle die Alternative mit dem höheren Gewinn.

BEISPIEL 5-2

Wie Beispiel 5-1, jedoch mit folgenden Modifikationen:
e) Wagen T erlaubt es aufgrund seiner besseren Ausstattung, einen Preis von 1,10 EUR/km zu verlangen gegenüber 1,00 EUR/km bei Wagen B.
f) T verursacht variable Kosten in Höhe 22 ct/km, B 20 ct/km.
g) Fahrleistung: 50.000 km p. a.
h) Arbeitslohn incl. Nebenkosten: 30.000 EUR p. a.

Größe		B	T
Abschreibungen + Zinsaufwand Arbeitslohn	K_f	9.250 30.000	9.750 30.000
Variable Kosten	$k \cdot X$	10.000	11.000
Kosten gesamt ($K = K_f + k \cdot X$)		49.250	50.750
Erlöse ($E = p \cdot X$)		50.000	55.000
Gewinn ($G = E - K$)		750	4.250

Die Fixkosten wurden aus der Kostenvergleichsrechnung übernommen und um den Arbeitslohn sowie die variablen Kosten ergänzt. Alternative T verursacht zwar höhere Kosten, was aber durch höhere Erlöse mehr als ausgeglichen wird. Der Unterschied zum vorherigen Beispiel liegt nicht primär in der Einbeziehung der variablen Kosten (das wäre auch dort notwendig gewesen, falls diese unterschiedlich sind), sondern in der Einbeziehung der Erlöse.
Der Break-even (siehe Kapitel 2.6) ist bei der Ausbringungsmenge X* erreicht, die einen Gewinn von null ergibt (Gewinnschwelle):

$$G = E - K = p \cdot X - K_f - k \cdot X = 0$$

Nach dieser Menge gelöst:

$$X^* = \frac{K_f}{p - k}$$

Im Beispiel:

$$X^*(B) = \frac{39.250}{1{,}00 - 0{,}2} = 49.063, \quad X^*(T) = \frac{39.750}{1{,}10 - 0{,}22} = 45.170$$

Alternative T erbringt einen höheren durchschnittlichen Gewinn pro Periode und erreicht den Break-even früher, erfordert allerdings auch einen höheren Kapitaleinsatz.

Rentabilitätsvergleichsrechnung

Die Rentabilität (r) ist definiert als Gewinn bezogen auf das eingesetzte Kapital, sie gibt den Ertrag pro eingesetzte Einheit Kapital an. Da (gezahlte oder kalkulatorische) Zinsen Teil des Kapitalertrages darstellen, ist der Gewinn incl. Zinsen anzusetzen:

$$r = \frac{\text{Gewinn + Zinsaufwand}}{\text{durchschnittlicher Kapitaleinsatz}} = \frac{G + i \cdot (A_0 + RW)/2}{(A_0 + RW)/2}$$

Die Entscheidungsregel lautet:
- Wähle die Alternative mit der höheren Rentabilität.

BEISPIEL 5-3

In Fortsetzung der beiden vorherigen Beispiele ergibt sich:

$$r(B) = \frac{750 + 0{,}1 \cdot 22.500}{22.500} = 0{,}1333 \quad \text{bzw.} \quad 13{,}33\,\%$$

$$r(T) = \frac{4.250 + 0{,}1 \cdot 35.000}{35.000} = 0{,}2214 \quad \text{bzw.} \quad 22{,}14\,\%$$

Die Alternative T ist zwar mit höheren Kosten und höherem Kapitaleinsatz verbunden, verzinst aber das eingesetzte Kapital besser. Allerdings ist die unterschiedliche Nutzungsdauer bzw. die zeitliche Verteilung der Zahlungen noch unzureichend abgebildet.

Statische Amortisationsrechnung

Eine Investition gilt in dem Zeitpunkt als amortisiert, wenn die damit erzielten Rückflüsse die ursprüngliche Investitionssumme erreicht haben. Je früher das der Fall ist, desto geringer ist das Investitionsrisiko und desto eher können aufgenommene Finanzmittel zurückgezahlt werden. Zu den Rückflüssen zählen auch die Abschreibungen, die zwar den Gewinn belasten, nicht aber den Cashflow. Anders bei den Zinsaufwendungen, die auch dann nicht den Rückflüssen zugerechnet werden, wenn sie lediglich kalkulatorisch angesetzt werden, denn sonst würde die Lösung je nach Finanzierung unterschiedlich ausfallen.

Die Entscheidungsregel lautet:
- Wähle die Alternative mit der niedrigeren Amortisationsdauer.

Wie bisher durchschnittliche Periodenwerte für Gewinn und Abschreibungen unterstellt, ergibt sich die Amortisationsdauer (T):

$$T = \frac{\text{Kapitaleinsatz}}{\text{Gewinn} + \text{Abschreibungen}} = \frac{A_0}{G + Ab}$$

BEISPIEL 5-4

Für die beiden Taxi-Alternativen:

$$T(B) = \frac{40.000}{750 + 7.000} = 5{,}2 \qquad T(T) = \frac{60.000}{4.250 + 6.250} = 5{,}7$$

T erfordert zwar einen um die Hälfte höheren Kapitaleinsatz, hat aber aufgrund der höheren Rückflüsse nur eine um ein halbes Jahr höhere Amortisationsdauer.
Die Amortisationsdauer von B liegt mit 5,2 leicht über der geplanten Nutzungsdauer von 5 Jahren. Daher wäre die Investition eigentlich abzulehnen, weil sie ihre Investitionssumme (40.000) nicht einspielt (5 · 7.750 = 38.750). Nimmt man den Restwert (5.000) jedoch hinzu, der üblicherweise bei der Amortisationsrechnung vernachlässigt wird, verbleiben nach 5 Jahren 3.750.
Kontrollüberlegung: Das entspricht genau dem Gewinn für 5 Jahre: 5 · 750 = 3.750.

Zusammenfassung: Die statischen Verfahren sind einfach zu handhaben, weil sie weitgehend mit Periodenwerten arbeiten, die bei mehrjährigen Laufzeiten als Durchschnittswerte betrachtet werden. Die tatsächlichen Zahlungszeitpunkte werden ignoriert.

5.2 Dynamische Verfahren

Die dynamischen Verfahren arbeiten mit den Einzahlungen und Auszahlungen der Investitionsprojekte, die ihren jeweiligen Zeitpunkten über die gesamte Nutzungsdauer zugeordnet werden. Die mehrperiodische Betrachtungsweise, die ihnen den Namen gibt, macht kalkulatorische Kosten für Abschreibungen oder Zinsaufwendungen überflüssig. Die Ein- und Auszahlungen für die Finanzierung werden meist gar nicht einbezogen; lediglich die Zahlungsströme aus der Investition werden betrachtet. Bei der Kapitalwertmethode könnte man die Finanzierungszahlungen unter gewissen Voraussetzungen einrechnen, ohne das Ergebnis zu verändern. Bei der Methode des internen Zinsfußes

werden sie bei dessen Berechnung außer Acht gelassen, jedoch zu Vergleichszwecken herangezogen.
Die im Vergleich zu den statischen Verfahren größere Genauigkeit geht jedoch mit einem höheren Rechenaufwand einher.

Finanzmathematische Grundlagen

Aufzinsung
Mittels Aufzinsung wird der Zukunftswert (auch: Endwert) K_t einer heutigen Zahlungen E_0 für einen Zeitpunkt t bestimmt:

$$K_t = E_o \cdot (1+i)^t$$

Die Gleichung besagt, es ist wirtschaftlich gleichwertig, heute eine Zahlung von E_0 zu erhalten oder im Zeitpunkt t eine Zahlung von K_t. Der Faktor $(1 + i)^t$ wird als *Aufzinsungsfaktor* bezeichnet.

BEISPIEL 5-5

Bei einem Zinssatz von 10% (i = 0,1) hat eine Zahlung von 100 einen Zukunftswert von

$$K_1 = 100 \cdot (1+0{,}1)^1 = 110 \text{ in einem Jahr}$$

$$K_2 = 100 \cdot (1+0{,}1)^2 = 121 \text{ in zwei Jahren}$$

Abzinsung
Die Abzinsung (Diskontierung) ist das Gegenstück zur Aufzinsung, sie erlaubt die Berechnung des heutigen Wertes zukünftiger Zahlungen:

$$K_0 = \frac{E_t}{(1+i)^t} = E_t \cdot (1+i)^{-t}$$

Das Ergebnis dieser Berechnung (K_0) wird *Barwert* (auch: Kapitalwert, Gegenwartswert, present value) genannt. Er besagt, dass es wirtschaftlich gleichwertig ist, heute eine Zahlung von K_0 zu erhalten oder eine Zahlung von E_t im Zeitpunkt t.

$$D_t = \frac{1}{(1+i)^t} = (1+i)^{-t}$$

Der Zinsfaktor D_t wird als *Diskontierungsfaktor* (auch: Abzinsungsfaktor) für die Laufzeit t bezeichnet. Er gibt den Barwert einer Zahlung von 1 im Zeitpunkt t an. Der Barwert einer gegebenen zukünftigen Zahlung ist umso geringer, je

- weiter die Zahlung in der Zukunft liegt und
- je höher der verwendete Diskontierungszins.

Die Barwertgleichung vereinfacht sich mithilfe des Diskontierungsfaktors zu

$$K_0 = E_t \cdot D_t$$

In manchen Zusammenhängen wird der Barwert vom *Nettobarwert* (net present value – NPV) unterschieden, indem die Auszahlung E_0 abgezogen wird, die als Kaufpreis zum Erwerb der zukünftigen Zahlungen verstanden werden kann:

$$NPV = -E_0 + K_0$$

BEISPIEL 5-6

Bei einem Zinssatz von 10 % (i = 0,1) hat eine Zahlung von 100,

- die in einem Jahr erfolgt, einen Barwert von
  $K_0 = 100 \cdot (1+0{,}1)^{-1} = 90{,}91.$
- die in zwei Jahren erfolgt, einen Barwert von
  $K_0 = 100 \cdot (1+0{,}1)^{-2} = 82{,}64.$

Die zugehörigen Diskontierungsfaktoren sind
$D_1 = 0{,}9091$ bzw. $D_2 = 0{,}8264$

Das Diskontierungsverfahren kann auch auf ganze *Zahlungsreihen* angewendet werden:

$$K_0 = E_0 + E_1 \cdot (1+i)^{-1} + \ldots + E_T \cdot (1+i)^{-T} \text{ bzw.}$$

$$K_0 = \sum_{t=0}^{T} E_t \cdot (1+i)^{-t} = \sum_{t=0}^{T} E_t \cdot D_t$$

Aussage: Der Barwert einer Zahlungsreihe E_0 bis E_T entspricht der Summe der einzelnen Barwerte dieser Zahlungen.

BEISPIEL 5-7

Ein Zahlungsstrom bestehend aus zwei Zahlungen von je 100 in einem und in zwei Jahren hat einen Barwert von:

$$K_0 = 100 \cdot 0{,}9091 + 100 \cdot 0{,}8264 = 173{,}55$$

Würde dieser Zahlungsstrom mit einer Auszahlung von z. B. 170 im Zeitpunkt 0 erworben, so wäre der Nettobarwert:

$$NPV = -170 + 173{,}55 = 3{,}55$$

Einige Spezialfälle sind von praktischer Bedeutung.

Rentenbarwertfaktor
Unter einer Rente versteht man eine konstante Zahlung, die in gleichen Zeitabständen gezahlt wird. Erfolgt sie jeweils am Ende einer Periode, so wird sie als nachschüssig bezeichnet. Unterstellt man eine konstante Zahlung in Höhe von E erstmals nach einem Jahr, so vereinfacht sich die Barwertgleichung zu

$$K_0 = E \cdot (1+i)^{-1} + \ldots + E \cdot (1+i)^{-T} = E \cdot \sum_{t=1}^{T} (1+i)^{-t}$$

Die Summe der Abzinsungsfaktoren ergibt nach einigen Umformungen den *Rentenbarwertfaktor* (RBF):

$$\sum_{t=1}^{T} (1+i)^{-t} = \frac{(1+i)^T - 1}{i \cdot (1+i)^T} = RBF$$

Der Rentenbarwertfaktor gibt den Barwert einer Zahlung von je 1 jeweils am Ende von T Jahren an; er ist umso größer, je niedriger der Zinssatz und je länger die Laufzeit. Diesen in die Barwertgleichung eingesetzt führt zu:

$$K_0 = E \cdot RBF$$

BEISPIEL 5-8

Wie in Beispiel 5-6 wird der Barwert von zwei Zahlungen von je 100 am Ende des ersten und des zweiten Jahres gesucht, bei einem Zinssatz von 10 %. Der Rentenbarwertfaktor ist:

$$RBF = \frac{(1+0{,}1)^2 - 1}{0{,}1 \cdot (1+0{,}1)^2} = 1{,}7355$$

Mit der Zahlung von 100 multipliziert ergibt sich der bereits bekannte Barwert von 173,55.

Annuitätenfaktor

Eine Annuität ist ebenfalls eine konstante periodische Zahlung; sie unterscheidet sich von der Rente eher in der Perspektive als im Konzept. Während bei der Rente der Barwert einer Reihe konstanter Zahlungen gesucht wird, wird bei der Annuität umgekehrt der Barwert vorgegeben und die Höhe der periodischen Zahlung gesucht. Die Formel

$$K_0 = E \cdot RBF$$

wird insofern nach der Annuität E umgestellt:

$$E = K_0 \;/\; RBF$$

bzw. ein Annuitätenfaktor (AF) als Kehrwert des Rentenbarwertfaktors definiert:

$$E = K_0 \cdot AF \text{ mit } AF = 1 / RBF$$

$$AF = \frac{i \cdot (1+i)^T}{(1+i)^T - 1}$$

Der Annuitätenfaktor gibt an, welche konstante Zahlung für T Perioden einen Barwert von 1 erbringt (»Verrentung« von 1).

BEISPIEL 5-9

Welche zweijährige Annuität ergibt einen Barwert von 1?
Der Annuitätenfaktor liefert:

$$AF = \frac{0{,}1 \cdot (1+0{,}1)^2}{(1+0{,}1)^2 - 1} = 0{,}5762$$

Zum gleichen Ergebnis käme man durch Umstellung der Barwertgleichung

$$K_0 = E \cdot 0{,}9091 + E \cdot 0{,}8264 = 1 \text{ zu}$$

$$E = \frac{1}{0{,}9091 + 0{,}8264} = 0{,}5762$$

Diese Umformung macht noch einmal deutlich, dass der Annuitätenfaktor aus dem Kehrwert der Summe der Diskontierungsfaktoren entsteht. Er sinkt mit zunehmender Laufzeit, weil mit jeder zusätzlichen Periode ein Summand im Nenner hinzukommt. Der Rentenbarwertfaktor als Summe der Diskontierungsfaktoren (nicht deren Kehrwert) steigt dagegen mit jeder weiteren Periode.
Auch die Wirkung der Zinshöhe ist unterschiedlich: Ein höherer Zinssatz reduziert den Rentenbarwertfaktor bei gegebener Laufzeit, weil die Diskontierungsfaktoren sinken, und folglich muss dessen Kehrwert, der Annuitätenfaktor, steigen.

Unendliche Laufzeit
Die Bewertung von Zahlungsströmen mit unendlichen Laufzeiten spielt (außer bei den in Europa wenig gebräuchlichen Anleihen mit unendlicher Laufzeit) bei Immobilien, Unternehmen und Aktien eine Rolle. Diese haben zwar keine unendliche Laufzeit, aber sie haben auch keine definierte Fälligkeit. Bei einer angenommenen Lebensdauer von einigen Jahrzehnten nehmen die Diskontierungsfaktoren bei entsprechend hohen Zinsen so weit ab, dass man mit dieser Näherung arbeiten kann. Die Barwertgleichung vereinfacht sich zu

$$K_0 = E \cdot (1+i)^{-1} + \ldots + E \cdot (1+i)^{-T} = E \cdot \frac{1}{i}$$

weil die Summe der Diskontierungsfaktoren, der Rentenbarwertfaktor, bei unendlicher Laufzeit gegen den Kehrwert des Zinssatzes konvergiert.

BEISPIEL 5-10

Eine Immobilie erbringt nach Abzug aller Kosten 20.000 EUR pro Jahr. Welchen Wert hat die Immobilie bei einem Zins von 4 %?

$$K_0 = \frac{20.000}{0,04} = 500.000$$

Anmerkung: Bei einer Betrachtung über längere Zeiträume sollte die (erwartete) Preisentwicklung berücksichtigt werden, also die Mieterhöhungen. Dies geschieht in diesem Fall einfach dadurch, dass der Diskontierungszins um die erwartete durchschnittliche Mietpreissteigerung vermindert (!) wird; die resultierende Größe kann als Realzins interpretiert werden.

Anmerkungen:

- Bei den vorgestellten Methoden wurde mit einem einheitlichen Zinssatz für alle Laufzeiten diskontiert. Das ist finanzmathematisch nicht ganz korrekt, wenn die Marktzinsen nicht für alle Laufzeiten identisch sind. Gleichwohl wird in der Investitionsrechnung üblicherweise so vorgegangen, zumal die Ungenauigkeit gering ist im Vergleich zu möglichen Prognosefehlern bei den Zahlungsströmen.
- Der Diskontierungszins sollte aufgrund seiner zentralen Stellung in der Investitionsrechnung sorgfältig gewählt werden, und zwar vor allem unter zwei Aspekten: dem laufzeitengemäßen Marktzins sowie einer angemessenen Risikoprämie für das projektierte Investitionsvorhaben. Der Marktzins repräsentiert dabei je nach Finanzlage entweder die Finanzierungskosten oder die Erträge aus einer alternativen Mittelverwendung.

Kapitalwertmethode

Der Kapitalwert einer Investition ist der Barwert aller Einzahlungen und Auszahlungen, die dieser Investition zugerechnet werden können. Hier ist der Nettobarwert gemeint, weil auch die Auszahlung (oder ggf. Auszahlungen) in Ansatz gebracht wird. Zur Verdeutlichung wird diese gerne mit einem negativen Vorzeichen (manchmal auch mit einem eigenen Symbol) versehen, obwohl das mathematisch nicht notwendig wäre:

$$K_0 = -E_0 + E_1 \cdot (1+i)^{-1} + \ldots + E_T \cdot (1+i)^{-T}$$

In diesem Fall wird eine einzige Auszahlung am Anfang unterstellt, die zu Einzahlungen in den Jahren 1 bis T führt. Um kein weiteres Symbol einzuführen, wird weiterhin K_0 für den Barwert verwendet; es sollte jeweils aus dem Zusammenhang klar sein, ob eigentlich der Nettobarwert (also incl. Auszahlungen) gemeint ist.

Die Diskontierung dient dazu, Zahlungen, die zu unterschiedlichen Zeitpunkten anfallen, vergleichbar und damit zu einer einzigen Zahl addierbar zu machen.

Ein positiver Kapitalwert besagt, dass der Barwert aller Einzahlungen denjenigen der Auszahlung/en übersteigt. Dieser Betrag könnte dem Unternehmen im Zeitpunkt 0 entnommen werden, ohne dessen Substanz zu tangieren. Damit geht einher, dass die Verzinsung des eingesetzten Kapitals den vorgegebenen Diskontierungszins übersteigt. Folglich lauten die Entscheidungsregeln:

- $K_0 > 0$: Führe die Investition durch.
- Führe die Investition mit dem höchsten Kapitalwert durch.

BEISPIEL 5-11

Mit den Annahmen von Beispiel 5-2 sowie folgenden Überlegungen: Da wir uns nun auf der Ebene der Zahlungen bewegen, sind kalkulatorische Größen nicht in Ansatz zu bringen. Sollten Zinszahlungen anfallen, werden diese ebenfalls nicht angesetzt, da die Kapitalkosten indirekt über die Diskontierung abgebildet werden.

t	$D_t(i = 0{,}1)$	B		T	
		$E_t(B)$	$D_t \cdot E_t(B)$	$E_t(T)$	$D_t \cdot E_t(T)$
0	1,0000	–40.000	–40.000,00	–60.000	–60.000,00
1	0,9091	10.000	9.090,91	14.000	12.727,27
2	0,8264	10.000	8.264,46	14.000	11.570,25
3	0,7513	10.000	7.513,15	14.000	10.518,41
4	0,6830	10.000	6.830,13	14.000	9.562,19
5	0,6209	15.000	9.313,82	14.000	8.692,90
6	0,5645			14.000	7.902,64
7	0,5132			14.000	7.184,21
8	0,4665			24.000	11.196,18
Summe			**1.012,47**		**19.354,04**

In der Tabelle werden die Zahlungssalden für die jeweiligen Perioden zusammengestellt. Neben den Anschaffungskosten in der Periode 0 sowie dem Restwert in der letzten Nutzungsperiode entstehen Einzahlungsüberschüsse in Höhe der Erlöse abzüglich der Löhne sowie der variablen Kosten:
für B: 50.000 – 30.000 – 10.000 = 10.000
für T: 55.000 – 30.000 – 11.000 = 14.000

Die jeweiligen Zahlungen bzw. Zahlungssalden E_t werden mit den laufzeitgemäßen Diskontierungsfaktoren D_t multipliziert und zum Kapitalwert summiert. Er liefert für beide Alternativen positive Werte, aber den deutlich größeren für T.
Positive Werte zeigen eine Erhöhung des Vermögens bzw. des Unternehmenswerts an, die es aber erst noch zu realisieren gilt. Ein Kapitalwert von null würde bedeuten, dass die Investition gerade ihre Finanzierungskosten incl. Risikoprämie einspielt; davon ist die Alternative B nicht weit entfernt.

Spezialfall: Konstante Einzahlungsüberschüsse
Sollten die Einzahlungsüberschüsse in den einzelnen Perioden gleich hoch sein, so kann zur Vereinfachung der Berechnungen der Rentenbarwertfaktor eingesetzt werden:

$$K_0 = E \cdot RBF$$

bzw. unter Einbeziehung der Anfangsauszahlung E_0 sowie ggf. des Barwerts des Restwerts:

$$K_0 = -E_0 + E \cdot RBF + RW \cdot D_T$$

BEISPIEL 5-12

Mit den Zahlen des vorherigen Beispiels ergibt sich:

$$K_0(B) = -40.000 + 10.000 \cdot 3{,}7908 + 5.000 \cdot 0{,}6209$$
$$= 1.012{,}47$$
$$K_0(T) = -60.000 + 14.000 \cdot 5{,}3349 + 10.000 \cdot 0{,}4665$$
$$= 19.354{,}04$$

Annuitätenmethode

Auch die Annuitätenmethode kann als spezielle Anwendung der Kapitalwertmethode verstanden werden, die die Betrachtungsperspektive ändert. Sie annualisiert den barwertigen Vorteil einer Investition durch die Umrechnung in eine Annuität (E) für die Nutzungsdauer:

$$E = K_0 \cdot AF = K_0 \,/\, RBF$$

Eine (nachschüssige) Einzahlung von je E in jedem Jahr der Nutzungsdauer hat folglich den gleichen Barwert wie die Investition. Diesen Betrag könnte man folglich entnehmen, ohne die Substanz des Unternehmens zu tangieren.

Da AF bzw. RBF positive Zahlen sind, muss die Annuität immer das gleiche Vorzeichen haben wie der Kapitalwert. Aus dieser Überlegung sind folgende Entscheidungsregeln naheliegend:

- $E > 0$: Führe die Investition durch.
- Führe die Investition mit der höchsten Annuität durch.

BEISPIEL 5-13

In Fortführung der vorherigen Beispiele ergeben sich folgende Annuitäten:

$$E(B) = 1.012{,}47 \,/\, 3{,}7908 = 267{,}09$$
$$E(T) = 19.354{,}04 \,/\, 5{,}3349 = 3.627{,}80$$

Die Reihenfolge der beiden Alternativen entspricht derjenigen der Kapitalwertmethode. Das ist naheliegend, aber nicht zwingend, da die Laufzeiten und damit die RBF unterschiedlich sind.

Interne-Zinsfuß-Methode

Der Interne Zins (r), auch Effektivzins oder Rendite genannt, ist derjenige Zins, der bei der Diskontierung verwendet zu einem Nettobarwert von null führt, mathematisch also die Nullstelle der Barwertgleichung:

$$K_0 = -E_0 + E_1 \cdot (1+r)^{-1} + \ldots + E_T \cdot (1+r)^{-T} = 0$$

Diese Rendite gibt an, wie das eingesetzte Kapital bei Durchführung der Investition verzinst wird. Aus dem Vergleich mit einem externen Zins incl. Risikoprämie entsteht die Entscheidungsregel, dass eine Investition dann vorteilhaft ist, wenn der Interne Zins den Vergleichszins (i) bzw. bei der Wahl unter mehreren Projekten denjenigen der Alternativen übersteigt:

- $r > i$: Führe die Investition durch.
- Führe die Investition mit dem höchsten Internen Zins durch, sofern dieser den Vergleichszins übersteigt.

Da die Gleichung im allgemeinen Fall einer Reihe von Zahlungen in der Zukunft analytisch nicht lösbar ist (ein Sonderfall wäre lediglich eine Zahlung in der Zukunft), hilft man sich mit Iterationsverfahren, für die manuelle Berechnung z. B. mit der regula falsi. Dazu werden versuchsweise zwei Diskontierungszinsen i_1 und i_2 verwendet, die zu den Barwerten $K_0(i_1)$ und $K_0(i_2)$ führen. Danach wird interpoliert:

$$r \approx i_1 - K_0(i_1) \cdot \frac{i_2 - i_1}{K_0(i_2) - K_0(i_1)}$$

BEISPIEL 5-14

Die Kapitalwerte der beiden Taxi-Alternativen hatten wir schon berechnet für $i_1 = 0{,}1$ (Beispiel 5-11). Da er positiv ist, muss der Interne Zinsfuß über 10 % liegen, allerdings nicht wesentlich höher, da der Kapitalwert nicht sehr hoch ist. Wählt man als zweiten Zins für die Interpolation $i_2 = 0{,}11$, sinkt der Kapitalwert auf –73,77. Die regula falsi ergibt:

$$r(B) = 0{,}10 - 1.012{,}47 \cdot \frac{0{,}11 - 0{,}10}{-73{,}77 - 1.012{,}47} = 0{,}1093$$

Das Ergebnis ist praktisch mit dem identisch, das man mit Excel erhält; dort werden 100 Iterationsschritte durchgeführt.

t	$E_t(B)$	$i_1 = 0{,}10$		$i_2 = 0{,}11$	
		D_t	$D_t \cdot E_t(B)$	D_t	$D_t \cdot E_t(B)$
0	–40.000	1,0000	–40.000,00	1,0000	–40.000,00
1	10.000	0,9091	9.090,91	0,9009	9.009,01
2	10.000	0,8264	8.264,46	0,8116	8.116,22
3	10.000	0,7513	7.513,15	0,7312	7.311,91
4	10.000	0,6830	6.830,13	0,6587	6.587,31
5	15.000	0,6209	9.313,82	0,5935	8.901,77
Summe			**1.012,47**		**–73,77**

Die Alternative T hat bei einem anfänglichen Diskontierungszins von 10 % einen hohen Kapitalwert, folglich muss der Interne Zins erheblich über 10 % liegen. Wählt man 20 %, so folgt:

$$r(T) = 0{,}10 - 19.354{,}04 \cdot \frac{0{,}20 - 0{,}10}{-3.954{,}08 - 19.354{,}04} = 0{,}1830$$

Bei diesem Beispiel trifft die Interpolation die richtige Lösung (17,87 %) nicht so gut; die gewählten Zinssätze sind zu weit voneinander und zu weit von der Lösung entfernt. Ein weiterer Iterationsschritt, z. B. mit 15 %, würde zu einer Annäherung führen.

Die Methode des Internen Zinses ist zwar in der Praxis beliebt, hat aber einige Nachteile. Beispielsweise würde sie eine hohe Rendite auf einen kleinen Betrag einer niedrigeren Rendite auf einen großen Betrag vorziehen, obwohl Letzterer absolut höher ist.

6 Marketing

6.1 Markt- und Wettbewerbslage

$$\text{absoluter Marktanteil} = \frac{\text{Umsatz des Unternehmens}}{\text{Marktumsatz}} \cdot 100$$

Der Marktanteil drückt die relative Position eines Unternehmens aus. In manchen Branchen sind statt des Umsatzes Stückzahlen, also Mengen- statt Werteinheiten gebräuchlich (z. B. Automobilbranche). Grundsätzlich kann aus einem hohen Marktanteil auf eine starke Wettbewerbsposition geschlossen werden, die sich auch in der Ertragslage positiv niederschlägt.

Allerdings sind die Zahlen in verschiedenen Branchen sehr unterschiedlich, auch die Abgrenzung des relevanten Marktes ist nicht immer einfach. Bei der Unterteilung eines Gesamtmarktes in kleinere Teilmärkte (z. B. Aufteilung des Automobilmarktes in Benzin- und Dieselfahrzeuge) spricht man auch vom relevanten Marktanteil (z. B. für Dieselfahrzeuge). In einem Markt mit zahlreichen Anbietern (Getränke) kann ein Marktanteil von 20 % sehr hoch sein, in einem anderen Markt mit wenigen Anbietern (Lkw) jedoch eher durchschnittlich. Bei der Interpretation helfen die Entwicklung des Marktanteils in der Vergangenheit sowie der Vergleich mit dem umsatzstärksten Konkurrenten:

$$\text{relativer Marktanteil} = \frac{\text{Umsatz des Unternehmens}}{\text{Umsatz des Branchenprimus}} \cdot 100$$

Der Marktanteil wird gerne in Kombination mit dem Marktwachstum benutzt, um das Produktportfolio eines Unternehmens darzustellen. Besonders erfolgversprechend sind hohe Marktanteile in wachsenden Märkten (sog. Stars). In schrumpfenden sollte man dagegen nur mit einem geringen Marktanteil vertreten sein (sog. Dogs).

$$\text{Sättigungsgrad} = \frac{\text{Marktumsatz}}{\text{Marktpotenzial}} \cdot 100$$

Der Sättigungsgrad gibt an, welcher Anteil des maximal möglichen Umsatzes bzw. der maximalen Menge (Marktpotenzial) bereits erreicht wurde. Liegt er bei 100 %, so ist dieser Markt voll ausgeschöpft. Eine weitere Marktbearbeitung kann den Marktumsatz nicht mehr erhöhen; ein Unternehmen kann seinen Umsatz nur noch zulasten der Wettbewerber verbessern.

6.2 Preispolitik

Eine Elastizität ist allgemein definiert als Quotient aus zwei sinnvoll aufeinander bezogenen relativen Änderungen. Für die Preispolitik eines Unternehmens ist die Reaktion der nachgefragten Menge auf den eigenen Preis (direkte Preiselastizität) sowie auf den Preis von komplementären und Substitutionsgütern (indirekte Preiselastizität) von Bedeutung.

Direkte Preiselastizität

Die direkte Preiselastizität $\varepsilon(x_1, p_1)$ gibt die relative Änderung der nachgefragten Menge x_1 aufgrund einer relativen Änderung ihres Preises p_1 an:

$$\varepsilon(x_1, p_1) = -\frac{\Delta x_1 / x_1}{\Delta p_1 / p_1}$$

Von einem hier nicht zu betrachtenden Sonderfall abgesehen, haben Zähler und Nenner gegenläufige Vorzeichen, weil eine Preiserhöhung (Preissenkung) einen Rückgang (Anstieg) der nachgefragten Menge verursacht; das Minuszeichen vor dem Bruch führt somit zu positiven Werten.

Ob die relative Mengen- oder die relative Preisänderung größer ist, hat entscheidende Bedeutung dafür, wie der Umsatz auf eine Preisänderung reagiert. Drei Fälle sind zu unterscheiden:

- $\varepsilon(x_1, p_1) < 1$

  Die relative Mengenänderung ist geringer als die relative Preisänderung; die Nachfrage reagiert unelastisch. Eine Preis*erhöhung* führt zu einem Umsatzanstieg.

- $\varepsilon(x_1, p_1) = 1$
  Beide relativen Änderungen sind gleich groß. Eine (kleine) Preisänderung verändert den Umsatz nicht.
- $\varepsilon(x_1, p_1) > 1$
  Die relative Mengenänderung ist größer als die relative Preisänderung; die Nachfrage reagiert elastisch. Eine Preis*senkung* führt zu einem Umsatzanstieg.

Beispiele für unelastische Güter sind Grundnahrungsmittel oder Treibstoff, eher elastisch reagieren Güter des gehobenen Bedarfs.

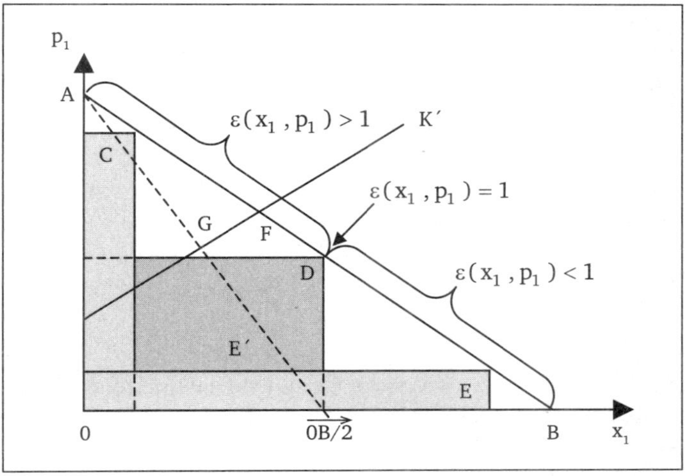

Der Zusammenhang zu den Erlösen lässt sich anhand der Preisabsatzfunktion illustrieren (Linie AB). Sie gibt an, welche Menge x bei vorgegebenem Preis p nachgefragt wird. Wird beispielsweise ein hoher Preis gewählt, kann nur eine geringe Menge abgesetzt werden (Punkt C); der Umsatz als Produkt aus Menge und Preis entspricht dem zugehörigen schattierten Rechteck. Die Preiselastizität ist hoch, folglich führt eine Preissenkung zu einem höheren Umsatz, und zwar bis zum Punkt D, der genau in der Mitte zwischen dem Ursprung und dem Punkt B liegt. Hier ist die Elastizität gleich 1 und der Umsatz erreicht seine maximale Höhe; weitere Preissenkungen führen zu Umsatzrückgängen. Um einem möglichen Missverständnis vorzubeugen: Im Punkt D ist der Umsatz maximal, nicht aber der Gewinn.

Gewinnmaximum:

$K' = p$ vollständige Konkurrenz

$K' = E'$ Monopol

In einem atomistischen Markt, bei dem einzelne Anbieter keinen Einfluss auf den Preis haben, ist der Gewinn im Schnittpunkt der Preisabsatzfunktion mit der (aggregierten) Grenzkostenkurve (siehe Kapitel 2.1) maximiert (Punkt F). Das Gewinnmaximum für einen Monopolisten liegt dagegen im Punkt G, in dem die Grenzkostenkurve (K') die Grenzerlöskurve (E') schneidet (Cournotscher Punkt).

Indirekte Preiselastizität

Die indirekte Preiselastizität $\varepsilon(x_1, p_2)$ gibt die relative Änderung der nachgefragten Menge x_1 aufgrund der relativen Änderung des Preises eines anderen (relevanten) Gutes p_2 an:

$$\varepsilon(x_1, p_2) = \frac{\Delta x_1 / x_1}{\Delta p_2 / p_2}$$

Die Relevanz des zweiten Gutes beruht auf einer inneren Verbindung zum ersten, die unterschiedlicher Natur sein kann und die am Vorzeichen dieser Elastizität erkennbar ist. Sie wird deshalb anders als die direkte nicht negativ definiert.

- $\varepsilon(x_1, p_2) < 0$
  Die beiden Güter sind Komplemente, sie sind nur in Kombination nützlich (Beispiel: Auto und Treibstoff). Eine Preiserhöhung von Gut 2 führt zu einem Rückgang der Nachfrage nach Gut 1 (ebenso wie für Gut 2).
- $\varepsilon(x_1, p_2) > 0$
  Die beiden Güter sind Substitute, sie werden alternativ benutzt (Beispiel: Butter und Margarine). Eine Preiserhöhung

von Gut 2 führt zu einer höheren Nachfrage nach Gut 1 (und zu einer verringerten für Gut 2).

- $\varepsilon(x_1, p_2) = 0$
  Beide Güter sind unabhängig voneinander (Butter und Treibstoff). Die Preisänderung des einen Gutes hat keine Auswirkung auf die Nachfrage nach dem anderen.

Break-even und Gewinnschwelle siehe Kapitel 2.6

Kalkulation siehe Kapitel 2.3

6.3 Vertrieb und Werbung

Das Umsatzwachstum gibt die relative Änderung des Umsatzes im Vergleich zu einer Bezugsperiode an:

$$\text{Umsatzwachstum} = \frac{\text{Umsatz einer Periode}}{\text{Umsatz der Bezugsperiode}} \cdot 100$$

Zum Vergleich kann z. B. das Vorjahr oder der Vormonat herangezogen werden. Im Falle ausgeprägter saisonaler Schwankungen hilft bei unterjährigen Perioden der Vergleich mit der entsprechenden Vorjahresperiode. Das Umsatzwachstum sollte im Branchenkontext gesehen werden, denn es beruht auf zwei Faktoren: dem Umsatzwachstum der Branche sowie der Veränderung des Marktanteils.

Umsatzrentabilität siehe Kapitel 3.5

$$\text{Umsatzstruktur} = \frac{\text{Umsatz in einem Teilbereich}}{\text{Gesamtumsatz}} \cdot 100$$

$$\text{Kundenstruktur} = \frac{\text{Kunden einer Kundengruppe}}{\text{Gesamtzahl Kunden}} \cdot 100$$

Umsatz- und Kundenstruktur dienen beide der Analyse von Kundensegmenten nach verschiedenen Kriterien, beispielsweise produkt- oder vertriebsspezifischer, regionaler oder soziodemografischer Natur. Anspruchsvoller in der Messung, aber auch wertvoller für Marketingzwecke sind Segmentierungen nach psychografischen und verhaltensbezogenen Kriterien.

$$\text{Exportquote} = \frac{\text{Umsatz im Ausland}}{\text{Gesamtumsatz}} \cdot 100$$

Eine spezielle Variante der Umsatzstruktur stellt die Exportquote dar, die auch als Internationalisierungsgrad bezeichnet wird. Sie gibt Aufschluss über die Bedeutung des internationalen Geschäfts für eine Unternehmung und kann weiter nach Ländern oder Ländergruppen untergliedert werden.

$$\text{Angebotserfolgsquote} = \frac{\text{erhaltene Aufträge}}{\text{abgegebene Angebote}} \cdot 100$$

Die Angebotserfolgsquote gibt an, wie viel Prozent der abgegebenen Angebote erfolgreich waren. Sie kann in auftragsorientiert produzierenden Branchen eingesetzt werden, um Vergleiche mit Wettbewerbern, eigenen Vergangenheitswerten oder zwischen verschiedenen Vertriebseinheiten anzustellen. Rückschlüsse auf die Vertriebsstärke sind möglich, jedoch nicht direkt auf die Ertragslage. Ferner ist das Auftragsvolumen nicht berücksichtigt.

$$\text{Auftragsreichweite} = \frac{\text{Auftragsbestand}}{\text{Jahresumsatz}} \cdot 360$$

Die Auftragsreichweite gibt an, wie viele Tage der Auftragsbestand in die Zukunft reicht. Beträgt der »Vorrat« an Aufträgen beispielsweise ein Viertel des Jahresumsatzes, so liegt die Auftragsreichweite bei 90 Tagen. Das lässt unter gewissen Voraussetzungen auf zweierlei schließen:

- Die Produktionskapazität ist für die nächsten 90 Tage ausgelastet, falls der als Bezugsgröße verwendete Jahresumsatz auf einer Normalauslastung beruht.
- Kontinuierliche Rechnungsstellung und gleichbleibende Zahlungsmoral vorausgesetzt, sind entsprechende Zahlungseingänge zu erwarten.

$$\text{Distributionsgrad} = \frac{\text{Anzahl der PoS mit eigenem Produkt}}{\text{Gesamtzahl relevante PoS}} \cdot 100$$

Der Distributionsgrad gibt den Anteil der Verkaufsstellen (PoS – Point of Sale) einer Produktgruppe an, die das/die eigene/n Produkt/e führen. Hohe Werte bedeuten eine hohe Marktpräsenz, wie sie z. B. für Markenartikel üblich und wichtig ist. In der genannten Form wird die Kennziffer als numerisch oder ungewichtet bezeichnet; die gewichtete Variante verwendet Umsatzzahlen statt der Anzahl der Verkaufsstellen.

$$\text{Handelsspanne} = \text{Verkaufspreis} - \text{Einstandspreis}$$

Im Handelsbereich ist die Handelsspanne in absoluter oder relativer Form als Kennziffer für den Deckungsbeitrag von Bedeutung. Beide Preise sind als Nettopreise zu verstehen. Die Handelsspanne kann sowohl auf einzelne Produkte wie als gewichteter Durchschnitt auf ein ganzes Handelssortiment angewendet werden.

$$\text{Cross Selling-Quote} = \frac{\text{Umsatz mit zusätzlichen Produkten mit einem Kunden}}{\text{Umsatz mit bisherigen Produkten mit gleichem Kunden}} \cdot 100$$

Unter Cross Selling versteht man die Ausweitung bestehender Kundenbeziehungen auf zusätzliche Produkte. Hohe Werte zeigen eine Intensivierung der Zusammenarbeit mit einem Kunden an. Hohe Cross-Selling-Quoten lassen nicht nur auf zufriedene Kunden schließen, sie legen auch Preiszugeständnisse bei Neukunden nahe, um nach dem Einstieg die Verbindung später auszubauen.

$$\text{Werbeintensität} = \frac{\text{Werbeaufwand}}{\text{Produkterlöse}} \cdot 100$$

Die Werbeintensität gibt den Prozentsatz der Erlöse für ein Produkt an, der für Werbung aufgewendet wird. Hohe Werte können einen starken Konkurrenzdruck anzeigen, aber auch als Investition in den Aufbau bzw. Erhalt des Bekanntheitsgrades, beispielsweise einer Marke, verstanden werden. Gelegentlich wird die Kennziffer ferner auf eine ganze Volkswirtschaft angewendet im Sinne der Netto-Werbeeinnahmen aller Werbeträger im Verhältnis zum Bruttoinlandsprodukt.

$$\text{Werbeelastizität} = \frac{\Delta(\text{Umsatz}) / \text{Umsatz}}{\Delta(\text{Werbeaufwand}) / \text{Werbeaufwand}}$$

Die Werbeelastizität gibt die relative Umsatzänderung an, die durch eine relative Änderung des Werbeaufwandes ausgelöst wird. Je höher der Wert, desto erfolgreicher ist eine Aufstockung des Werbebudgets. Bei Werten größer als 1 ist die relative Umsatzänderung größer als die des Werbeaufwands. Die Kennziffer ist in der Praxis schwierig zu ermitteln, da Umsatzänderungen viele Ursachen haben können und die Wirkung des Werbeaufwands nicht ohne weiteres isoliert werden kann.

$$\text{Grenzertrag der Werbung} = \frac{\Delta(\text{Umsatz})}{\Delta(\text{Werbeaufwand})} \cdot \text{Preis}$$

Der Grenzertrag der Werbung gibt den zusätzlichen Umsatz pro zusätzlicher Einheit an Werbeaufwand wieder (Meffert u.a. 2012, S. 794). Unter gewissen Voraussetzungen ist der Werbeaufwand dann optimiert, wenn der Grenzertrag der Werbung der Preiselastizität der Nachfrage entspricht (Dorfman-Steiner-Theorem).

Medienreichweite = Anzahl der erreichten Nutzer bei einmaliger Schaltung eines Werbeträgers

Die Medienreichweite gibt die Anzahl (gelegentlich wird stattdessen der Anteil verwendet) der Nutzer an, die mit einer einmaligen Werbemaßnahme erreicht werden.

Beim Einsatz mehrerer Medien kommt es zu überschneidenden Kontakten. Diese werden bei der *Nettoreichweite* herausgerechnet. Bei der *kombinierten Reichweite* werden ferner Überschneidungen durch wiederholte Schaltungen neutralisiert, so dass die Anzahl der erreichten Personen verbleibt (Krause/Arora 2010, S. 155).

$$\text{Tausender(kontakt)preis}\left(\text{TKP}\right) = \frac{\text{Kosten pro Mediaschaltung}}{\text{Anzahl der Kontakte}} \cdot 1.000$$

Der Tausenderpreis gibt die Kosten an, die pro 1.000 Kontakten aufgewendet werden müssen. Er dient dazu, Vergleichbarkeit zwischen Medien mit unterschiedlichen Kosten und Reichweiten herzustellen, beispielsweise einer lokalen Zeitung und einem TV-Spot. Überschneidungen durch mehrfache Kontaktierung der gleichen Person werden nicht neutralisiert. Dazu wäre die kombinierte Reichweite zu verwenden; dann spricht man vom Tausendernutzerpreis.
Entsprechende Konzepte werden sinngemäß auch auf moderne Online-Medien übertragen. Wird ein Werbebanner auf einer Internetseite platziert, so muss unterschieden werden zwischen der Anzahl der Nutzer, die die Seite aufgerufen und damit die Werbung potenziell gesehen haben (Ad[vertising] Impression), und denjenigen, die dem Werbebanner durch Anklicken (Ad[vertising] Click) aktiv gefolgt sind; die Click Through Rate gibt den entsprechenden prozentualen Anteil an:

$$\text{Click Through Rate}\left(\text{CTR}\right) = \frac{\text{Anzahl der AdClicks}}{\text{Anzahl der AdImpressions}} \cdot 100$$

Die CTR ist eine Kerngröße zur Einschätzung der Wirksamkeit von Online-Werbung; realistische Werte liegen im Promille- oder niedrigen Prozentpunktebereich. Die zuzuordnenden Kosten pro Click sind definiert als:

$$\text{Cost per Click}\left(\text{CPC}\right) = \frac{\text{Schaltungskosten}}{\text{Anzahl der AdClicks}}$$

(Marken-)Bekanntheitsgrad
- Ungestützt: Anteil der Befragten, die ein Produkt/ eine Marke spontan (aktiv) benennen können.
- Gestützt: Anteil der Befragten, die ein Produkt/ eine Marke unter Vorgaben (passiv) erkennen.

Die Bekanntheit wird insbesondere für Marken gemessen und gehört zu den nichtmonetären Größen zur Bestimmung des Wertes einer solchen.

Customer Lifetime Value (CLV)
= Barwert der Einzahlungen von einem Kunden
– Barwert der Auszahlungen an einen Kunden

Der CLV stellt den Versuch dar, den Barwert der gesamten Zahlungsströme mit einem Kunden zu berechnen und damit den Wert dieser Kundenbeziehung im Sinne eines barwertigen Deckungsbeitrags. Das Konzept basiert auf der Kapitalwertmethode (siehe Kapitel 5.2); in diesem Sinn kann eine Kundenbeziehung als Investitionsobjekt interpretiert werden (Krause/Arora 2010, S. 141). Der Vorzug des Konzepts liegt in der ganzheitlichen und langfristigen Betrachtung einer Geschäftsbeziehung; konkrete Ergebnisse sind allerdings nur auf der Basis von Annahmen erreichbar.

7 Personal

7.1 Personalbeschaffung

Arbeitgeberattraktivität

$$\text{Arbeitgeberattraktivität} = \frac{\text{Bewerbungen}}{\text{Stellenanzeigen}} \cdot 100$$

Grundaussagen der Kennzahl (in %)

- Hohe Anzahl der Bewerbungen je ausgeschriebener Stelle über einen vorab definierten Zeitraum tendenziell positiv.
- Beliebtheit des Arbeitgebers bei (potenziellen) Bewerbern.
- Qualität der Stellenausschreibungen.

Schwächen der Kennzahl

- Einfluss durch saisonale und konjunkturelle Schwankungen.
- Zwei Grundaussagen der Kennzahl (Beliebtheit des Arbeitgebers und Qualität der Ausschreibungen), deren Effekte nicht einfach getrennt werden können.
- Hoher Kennzahlenwert kann auch negativ gedeutet werden im Hinblick auf eine nicht eindeutige Stellenausschreibung.

Einstellungsquote

$$\text{Einstellungsquote} = \frac{\text{Neuverträge}}{\text{Anzahl Bewerbungen}} \cdot 100$$

Grundaussagen der Kennzahl (in %)

- Hoher Anteil der Neueinstellungen an der Anzahl der eingegangenen Bewerbungen spricht tendenziell für ein effizientes Ausschreibungsverfahren.
- Hohe Kennzahl kann auch auf zu geringe Bewerbungszahl zurückzuführen sein.
- Geringe Kennzahl kann auf hohe Bewerbungszahl aufgrund Attraktivität des Arbeitgebers hindeuten.

Schwäche der Kennzahl

- Mehrdeutigkeit des Kennzahlenwerts.

Fluktuation

$$\text{Fluktuation} = \frac{\text{Personalabgänge}}{\varnothing\ \text{Personalbestand}} \cdot 100$$

Grundaussagen der Kennzahl (in %)
- Niedrige Kennzahl lässt auf Mitarbeiterzufriedenheit schließen.
- Maß für die Effizienz von Personalfreisetzungsmaßnahmen.

Schwächen der Kennzahl
- Durchschnittsbetrachtung über den gesamten Betrieb; ggf. differenzierte Berechnung nach verschiedenen Mitarbeitergruppen erforderlich.
- Einfluss von altersbedingter Fluktuation.

Personaldeckungsrad

$$\text{Personaldeckungsgrad} = \frac{\text{Neueinstellungen}}{\text{Personalbedarf}} \cdot 100$$

Grundaussagen der Kennzahl (in %)
- Kennzahl von 100 % bedeutet, dass der Personalbedarf in einem vorab definierten Zeitraum vollständig gedeckt werden konnte.
- Niedrige Kennzahl kann auf Probleme der Personalbeschaffung schließen lassen.

Schwächen der Kennzahl
- Qualität der Neueinstellungen unberücksichtigt.
- Verschiedene Einflussfaktoren, wie z. B. Arbeitsmarktsituation, Fluktuation, Qualität der Personalbeschaffung, Anforderungsprofil offener Stellen.

7.2 Personalstruktur

Beschäftigungsstruktur

$$\text{Beschäftigungsstruktur} = \frac{\text{Gruppe Mitarbeiter}}{\text{Summe Mitarbeiter}} \cdot 100$$

Grundaussagen der Kennzahl (in %)

- Strukturanalyse: Anteil von Mitarbeitern einer bestimmten Gruppe an einer übergeordneten Gruppe bzw. der Gesamtzahl der Mitarbeiter, z. B. Anteil der Frauen im Marketing.
- Detaillierte Strukturanalyse durch Variationen in Zähler und Nenner denkbar.

Schwäche der Kennzahl

- Keine Differenzierung in Voll- und Teilzeitkräfte.

Altersstruktur

$$\text{Altersstruktur} = \frac{\text{Mitarbeiter Altersgruppe}}{\text{Summe Mitarbeiter}} \cdot 100$$

Grundaussagen der Kennzahl (in %)

- Altersstruktur der Belegschaft.
- Rückschlüsse auf zukünftigen Personalbedarf und Erfahrungsschatz der Belegschaft.

Schwächen der Kennzahl

- Rückschlüsse auf bestimmte Merkmale der gewählten Altersgruppe, z. B. Erfahrung, müssen plausibel sein.
- Keine Differenzierung in Betriebszugehörigkeit.
- Keine Differenzierung in Voll- und Teilzeitkräfte.

Durchschnittliche Betriebszugehörigkeit

$$\varnothing\ \text{Betriebszugehörigkeit} = \frac{\text{Jahre aller Mitarbeiter}}{\text{Summe Mitarbeiter}}$$

Grundaussagen der Kennzahl (in Jahren)

- Hohe Kennzahl lässt auf hohe Beliebtheit des Arbeitgebers schließen (vgl. auch Arbeitgeberattraktivität, siehe Kapitel 7.1).

- Hohe Kennzahl lässt auf hohen internen Erfahrungsschatz schließen.

Schwächen der Kennzahl
- Verschiedene Einflussgrößen, wie (branchenspezifische) Arbeitsmarktlage, Lohnniveau (siehe Kapitel 7.4), Betriebsklima etc.
- Ggf. Differenzierung nach Tätigkeitsbereichen erforderlich.

Leitungsspanne

$$\text{Leitungsspanne} = \frac{\text{Mitarbeiter}}{\text{Führungskräfte}}$$

Grundaussagen der Kennzahl (in Mitarbeiterzahl)
- Durchschnittliche Anzahl der einer Führungskraft zugeordneten Mitarbeiter; Belastung der Führungskräfte.
- Hohe Kennzahl lässt auf flache Hierarchie schließen.

Schwächen der Kennzahl
- Optimale Höhe der Kennzahl betriebswirtschaftlich nur schwer und betriebsindividuell zu bestimmen.
- Durchschnittsbetrachtung; ggf. differenzierte Betrachtung unterschiedlicher Organisationseinheiten erforderlich.
- Fehlinterpretation bzgl. Belastung der Führungskräfte, wenn hohe Eigenverantwortlichkeit der Mitarbeiter üblich.

7.3 Personalentwicklung

Weiterbildung

$$\text{Weiterbildung} = \frac{\text{Weiterbildungskosten}}{\text{Summe Mitarbeiter}}$$

Grundaussagen der Kennzahl (in EUR)
- Hoher Wert lässt auf hohen Einsatz des Unternehmens für Fort- und Weiterbildung seines Personals schließen.
- Hoher Wert spricht für hohe Mitarbeiterzufriedenheit.

Schwächen der Kennzahl

- Kosten für Weiterbildungen lassen nur bedingt auf deren Qualität schließen.
- Fehlende Differenzierung in Einzelmaßnahmen und Gruppenschulungen.
- Mitarbeiterzufriedenheit wird durch mehrere Einflussfaktoren, wie z. B. allgemeines Betriebsklima, bestimmt.
- Nur bedingter Rückschluss auf den Ausbildungsgrad und die Qualität der Mitarbeiter möglich.

Managementkosten

$$\text{Managementkosten} = \frac{\text{Personalmanagementkosten}}{\text{Summe Mitarbeiter}}$$

Grundaussagen der Kennzahl (in EUR)

- Bedeutung der Personalabteilung im Unternehmen.
- Niedriger Wert lässt auf Investitionsbedarf in das Personalmanagement schließen.

Schwächen der Kennzahl

- Optimale Höhe der Kennzahl betriebswirtschaftlich schwer und nur betriebsindividuell ermittelbar.
- Managementkosten sind ggf. um bestimmte Kostenblöcke zu bereinigen, wie z. B. Weiterbildungskosten.

7.4 Personalentlohnung/-kosten

Lohnniveau

$$\text{Lohnniveau (je Mitarbeiter)} = \frac{\text{Personalaufwand}}{\varnothing\ \text{Arbeitnehmerzahl}}$$

Grundaussagen der Kennzahl (in EUR)

- Durchschnittliches Lohnniveau,
- Entwicklung der Personalkosten und Sozialaufwendungen.

Schwächen der Kennzahl
- Mehrere Einflussfaktoren, wie Lohnsteigerungen und Veränderungen der Sozialversicherungsbeiträge,
- Verzerrungen durch unterschiedliches Lohnniveau verschiedener Mitarbeitergruppen.

Arbeitskosten je Stunde

$$\text{Arbeitskosten je Stunde} = \frac{\text{Personalkosten}}{\text{Ist-Stunden}}$$

Grundaussagen der Kennzahl (in EUR)
- Personalkosten je Anwesenheitsstunde,
- Entwicklung der Kosten im Zeitablauf.

Schwächen der Kennzahl
- Differenzierung in verschiedene Mitarbeitergruppen, z. B. Produktion und Verwaltung, erforderlich.
- Abgrenzung der Personalkosten.

Personalaufwandsquote

$$\text{Personalaufwandsquote} = \frac{\text{Personalaufwand}}{\text{Gesamtleistung}} \cdot 100$$

Grundaussagen der Kennzahl (in %)
- Personalintensität: Anteil des Personalaufwands an der Gesamtleistung (Umsatzerlöse + Bestandsveränderungen) oder an den Umsatzerlösen,
- Geringe Quote lässt auf eine hohe Arbeitsintensität schließen.

Schwächen der Kennzahl
- Branchenabhängige Beurteilung erforderlich.
- Veränderungen der Sozialversicherungsbeiträge können Aussagen zur Arbeitsintensität verfälschen.

Aufwandsstruktur

$$\text{Aufwandsstruktur} = \frac{\text{Teil-Personalaufwand}}{\text{Summe Personalaufwand}} \cdot 100$$

Grundaussagen der Kennzahl (in %)

- Analyse des Personalaufwands nach Arten des Personalaufwands (z. B. Weiterbildungskosten; vgl. auch Weiterbildung siehe Kapitel 7.3),
- Analyse des Personalaufwands nach Mitarbeitergruppen.

Schwächen der Kennzahl

- Interne Informationen erforderlich, insbesondere zur Bestimmung des Zählers.
- Ggf. weitere Analyse aufgrund unterschiedlicher Entlohnungsbestandteile erforderlich, z. B. Sozialversicherungsbeiträge oder Gewinnbeteiligungen

7.5 Personalleistung

Der *Akkordlohn* stellt eine stark leistungsabhängige Entlohnungsform dar, bei der als Leistungsmaßstab eine vom Lohnempfänger beeinflussbare Mengenleistung gewählt wird. Es wird grundsätzlich zwischen Zeitakkord und Geldakkord unterschieden.

Zeitakkord (Bruttolohn in EUR)
Der Zeitakkord basiert auf einer vorgegebenen Zeit je Mengeneinheit unter Berücksichtigung eines angemessenen Grundlohns.

$$\text{Zeitakkord} = \text{Leistung} \cdot \text{Vorgabezeit} \cdot \text{Minutenfaktor}$$

Hierbei ist unter Leistung die tatsächliche Leistung in Stück zu verstehen. Die übrigen Größen sind wie folgt definiert:

$$\text{Vorgabezeit} = \frac{60}{\text{Normalleistung je Stunde}}$$

Die Vorgabezeit ist die Zeit für die Erledigung einer Aufgabe bei normaler Leistung.

$$\text{Minutenfaktor} = \frac{\text{Akkordrichtsatz}}{60}$$

$$\text{Akkordrichtsatz} = \text{Grundlohn} + \text{Akkordzuschlag}$$

Der Akkordrichtsatz gibt den Stundenlohn bei Normalleistung an.

Geldakkord (Bruttolohn in EUR)
Beim Geldakkord wird im Gegensatz zum Zeitakkord kein Grundlohn vereinbart. Somit richtet sich der Geldakkord ausschließlich nach der (Mengen-)Leistung.

$$\text{Geldakkord} = \text{Ist-Leistung} \cdot \text{Akkordsatz}$$

Hierbei werden der Akkordsatz und die zu seiner Ermittlung erforderlichen Größen wie folgt definiert:

$$\text{Akkordsatz je Stück} = \frac{\text{Akkordrichtsatz je Stunde}}{\text{Normalleistung je Stunde}}$$

Der Akkordrichtsatz entspricht dem vereinbarten Lohn je Mengeneinheit – ein Grundlohn entfällt.

Produktivität

$$\text{Produktivität} = \frac{\text{Umsatzerlöse}}{\varnothing\ \text{Mitarbeiterzahl}}$$

Grundaussage der Kennzahl (in EUR)
- Effizienz bzw. Leistungsfähigkeit der Mitarbeiter.

Schwächen der Kennzahl
- Kennzahl wird mit Blick auf die Fertigungstiefe aussagekräftiger und mit anderen Unternehmen vergleichbarer, wenn im Zähler die Wertschöpfung (Umsatzerlöse – Vorleistungen) (siehe Kapitel 3.5) gewählt wird.

- Undifferenzierte Berücksichtigung direkt und indirekt an der Erzielung der Umsatzerlöse beteiligter Mitarbeiter.

Rentabilität

$$\text{Rentabilität} = \frac{\text{Gewinn}}{\varnothing \text{ Mitarbeiterzahl}}$$

Grundaussagen der Kennzahl (in EUR je Mitarbeiter)
- Erzielter Gewinn je Mitarbeiter,
- Beitrag eines Mitarbeiters zum Unternehmensgewinn.

Schwächen der Kennzahl
- Ursache-Wirkungs-Zusammenhang insbesondere dann fraglich, wenn der Gewinn durch Bewertungsmaßnahmen oder außerordentliche Ereignisse beeinflusst wird.
- Undifferenzierte Berücksichtigung direkt und indirekt an der Gewinnentstehung beteiligter Mitarbeiter.

Auslastungsgrad

$$\text{Auslastungsgrad} = \frac{\text{abrechenbare Stunden}}{\text{entlohnte Stunden}} \cdot 100$$

Grundaussagen der Kennzahl (in %)
- Besonders bei nach Stunden abrechnenden Dienstleistungsunternehmen: Hohe Quote lässt auf hohen Beitrag des Mitarbeiters zum Unternehmenserfolg schließen.
- Hoher Kennzahlenwert lässt Rückschlüsse auf die Qualität des Mitarbeiters entsprechend seiner Einsatzmöglichkeiten beim und Anforderung durch Kunden zu.

Schwächen der Kennzahl
- Keine Anwendbarkeit bei nicht direkt am Umsatz beteiligten Mitarbeitern, z. B. Stabsstellen.
- Aussagekraft bei schwach ausgelastetem Betrieb erst durch Vergleich der einzelnen Mitarbeiterkennzahlen untereinander.

Innovationsquote

$$\text{Innovationsquote} = \frac{\text{Verbesserungsvorschläge}}{\varnothing\ \text{Mitarbeiterzahl}} \cdot 100$$

Grundaussagen der Kennzahl (in %)
- Hohe Quote Zeichen für konstruktive Mitarbeit des Personals.
- Hohe Quote lässt auf Motivation und Identifikation der Mitarbeiter mit dem Unternehmen schließen.

Schwächen der Kennzahl
- Qualität der eingereichten Vorschläge ist ergänzend zu untersuchen, z. B. durch die Ermittlung des Anteils der umgesetzten an den eingereichten Vorschlägen.
- Ggf. Gliederung nach Mitarbeitergruppen erforderlich.
- Ursachenforschung niedriger Quoten, z. B. mit Blick auf Berufserfahrung, Qualität des Führungspersonals, erforderlich.

Überstundenquote

$$\text{Überstundenquote} = \frac{\text{Überstunden}}{\text{Normalstunden}} \cdot 100$$

Grundaussagen der Kennzahl (in %)
- Hohe Quote könnte hohe Mitarbeitermotivation bedeuten.
- Hohe Quote über längeren Zeitraum lässt auf Personalbedarf und auf Unzufriedenheit des Bestandspersonals schließen.

Schwächen der Kennzahl
- Effizienz der tatsächlich geleisteten Stunden unberücksichtigt.
- Quote ist ggf. saisonal bzw. nach Mitarbeitergruppen zu berechnen.
- Einbezug bezahlter und unbezahlter Überstunden erforderlich.

Beschäftigungsgrad

$$\text{Beschäftigungsgrad} = \frac{\text{Ist-Stunden}}{\text{Sollstunden}} \cdot 100$$

Grundaussage der Kennzahl (in %)
- Tatsächliche Ausnutzung der Kapazitäten unabhängig von Mitarbeiterzahl bzw. Teilzeitbeschäftigungen.

Schwächen der Kennzahl
- Durchschnittsbetrachtung, die jedoch durch Bezug auf einzelne Mitarbeitergruppen verfeinert werden kann.
- Inkaufnahme von Verzerrungen durch Überstunden.

Fehlzeitenquote

$$\text{Fehlzeitenquote} = \frac{\text{Fehlstunden}}{\text{Sollstunden}} \cdot 100$$

Grundaussagen der Kennzahl (in %)
- Gegenaussage zum Beschäftigungsgrad: Anteil der vertraglich vereinbarten, aber nicht geleisteten Arbeitsstunden an den Sollstunden.
- Geringe Quote kann indirekt auf hohe Mitarbeiterzufriedenheit und Motivation schließen lassen.

Schwächen der Kennzahl
- Ursachenforschung erforderlich, z. B. Krankheit oder Fortbildung.
- Durchschnittsbetrachtung, die ggf. für einzelne Mitarbeitergruppen zu berechnen ist.
- Branchenabhängig, z. B. tendenziell höhere Quote bei körperlicher Arbeit als bei reiner Verwaltungsarbeit.

Krankenquote

$$\text{Krankenquote} = \frac{\text{Krankheitstage}}{\text{Sollarbeitstage}} \cdot 100$$

Grundaussagen der Kennzahl (in %)
- Anteil der krankheitsbedingten Fehltage an den Sollarbeitstagen über einen bestimmten Zeitraum.
- Geringe Quote könnte auf hohe Mitarbeiterzufriedenheit schließen lassen.
- Nähere Analyse zur Fehlzeitenquote.

Schwächen der Kennzahl

- Durchschnittsbetrachtung, die ggf. für einzelne Mitarbeitergruppen zu berechnen ist,
- Branchenabhängig, z. B. tendenziell höhere Quote bei körperlicher Arbeit als bei reiner Verwaltungsarbeit.

Krankenstand

$$\text{Krankenstand} = \frac{\text{Anzahl der Kranken}}{\text{Summe Mitarbeiter}} \cdot 100$$

Grundaussagen der Kennzahl (in %)

- Ähnliche wie die Krankenquote,
- Anteil der Kranken zu einem bestimmten Stichtag.

Schwächen der Kennzahl

- Ggf. für einzelne Mitarbeitergruppen zu ermitteln,
- Branchenabhängig.

8 Wertorientiertes Controlling

Im Sinne einer wert- und risikoorientierten Unternehmensführung werden strategische Handlungsalternativen anhand ihres Beitrags zur Steigerung des Unternehmenswerts bewertet. Die Unternehmenswertermittlung erfolgt zukunftsorientiert mithilfe von Discounted-Cashflow-Verfahren, die auf die Methoden der dynamischen Investitionsrechnung (siehe Kapitel 5.2) zurückgreifen.

8.1 Discounted-Cashflow-Verfahren

Disounted-Cashflow-Verfahren
Die Discounted-Cashflow-Verfahren (DCF-Verfahren) ermitteln den Marktwert MW einer strategischen Handlungsalternative oder eines Unternehmens aus den zukünftig erwarteten Zahlungsüberschüssen, die für die Ausschüttungen an die Kapitalgeber zur Verfügung stehen. Dabei wird häufig zwischen einer Detailplanungsphase mit T Perioden und periodenspezifisch geplanten Zahlungsüberschüssen $ZÜ_t$ ($t = 1, \ldots, T$) sowie einer unendlichen andauernden Prognosephase $t = T + 1, \ldots, \infty$ mit konstanten Zahlungsüberschüssen ZÜ unterschieden, die mit einem Kapitalkostensatz k diskontiert werden:

$$MW = \sum_{t=1}^{T} \frac{ZÜ_t}{(1+k)^t} + \frac{ZÜ}{k} \cdot \frac{1}{(1+k)^T}$$

Wie die einfließenden Zahlungsüberschüsse und Kapitalkostensätze im Detail ermittelt werden, hängt von dem verwendeten DCF-Verfahren ab. Im Folgenden wird das Free-Cashflow-Verfahren vorgestellt.

Free-Cashflow-Verfahren
Das Free-Cashflow-Verfahren verwendet als Cashflow-Größen die erwarteten Zahlungsüberschüsse nach Steuern, die zur Bedienung der Kapitalgeber zur Verfügung stehen (Free Cashflows FCF, siehe auch Kapitel 4.1). Dabei wird bei der Ermittlung der

Free Cashflows von der tatsächlichen Finanzierungsstruktur abstrahiert und von der (fiktiven) Annahme einer reinen Eigenkapitalfinanzierung ausgegangen. Der Einfluss des Fremdkapitals (Fremdfinanzierungsanteil, Fremdkapitalkostensatz und die steuerliche Abzugsfähigkeit von Fremdkapitalkosten) fließen über den Kapitalkostensatz k^{FCF} (siehe Kapitel 8.2) in die Marktwertberechnung ein:

$$MW = \sum_{t=1}^{T} \frac{FCF_t}{\left(1+k^{FCF}\right)^t} + \frac{FCF}{k^{FCF}} \cdot \frac{1}{\left(1+k^{FCF}\right)^T}$$

Marktwert des Eigenkapitals (Shareholder Value)

Der Marktwert des Eigenkapitals MW^{EK} (oder Shareholder Value) ist der Barwert der erwarteten zukünftigen Zahlungsüberschüsse, die einem Unternehmen zur Ausschüttung an die Eigenkapitalgeber zur Verfügung stehen. Unterstellt man eine konstante geplante Fremdkapitalquote l (Anteil des Fremdkapitals am Marktwert), so gilt:

$$MW^{EK} = (1 - l) \cdot MW$$

BEISPIEL 8-1

Für ein strategisches Projekt mit einer Laufzeit von 3 Perioden werden folgende FCF nach Steuern geplant (alle Angaben in TEUR):

Periode	1	2	3
FCF	200	300	400

Weiter gelten folgende Annahmen: $l = 40\,\%$, $k^{FCF} = 11{,}8\,\%$

Der Beitrag des Projekts zum Marktwert des Unternehmens beträgt zu Beginn der Periode 1:

$$MW = \frac{200}{1{,}118} + \frac{300}{1{,}118^2} + \frac{400}{1{,}118^3} = 705.$$

Der Beitrag zum Marktwert des Eigenkapitals beträgt zu Beginn der Periode 1: $MW^{EK} = 705 \cdot (1 - 0{,}4) = 423$. Der Fremdkapitalbestand ist $FK = 705 \cdot 0{,}4 = 282$.

8.2 Ermittlung der Kapitalkosten

Weighted Average Cost of Capital (WACC)

Der zur Diskontierung im Free-Cashflow-Verfahren verwendete Kapitalkostensatz k^{FCF} ergibt sich gemäß dem WACC-Verfahren (= Weighted Average Cost of Capital, siehe auch Kapitel 4.1) als gewichteter durchschnittlicher Kapitalkostensatz. Er berücksichtigt den risikoangepassten Eigenkapitalkostensatz des verschuldeten Unternehmens $k^{EK,l}$ und den sicheren Fremdkapitalkostensatz nach Steuern $k^{FK} \cdot (1 - s)$. Die Gewichtung erfolgt mit der Fremdkapitalquote l:

$$k^{FCF} = k^{EK,l} \cdot (1 - l) + k^{FK} \cdot (1 - s) \cdot l$$

BEISPIEL 8-2

Es gelte: $k^{EK,l} = 0{,}15\,\%$, $k^{FK} = 10\,\%$, $s = 30\,\%$, $l = 40\,\%$. Hieraus ergibt sich der gewichtete durchschnittliche Kapitalkostensatz des verschuldeten Unternehmens für das Free-Cashflow-Verfahren als:

$$k^{FCF} = 0{,}15 \cdot 0{,}6 + 0{,}1 \cdot (1 - 0{,}3) \cdot 0{,}4 = 0{,}118.$$

Capital Asset Pricing Model (CAPM)

Zur Ermittlung des risikoangepassten Eigenkapitalkostensatzes $k^{EK,l}$ eines verschuldeten Unternehmens kann auf das Capital Asset Pricing Model (CAPM) zurückgegriffen werden. Es ermittelt $k^{EK,l}$ aus dem risikolosen Zinssatz i zuzüglich eines Risikozuschlags. Dieser hängt von der erwarteten Rendite des Marktportfolios risikobehafteter Wertpapiere r^M abzüglich des risikolosen Zinssatzes i und dem Beta-Faktor (β-Faktor) ab, der das Geschäfts- und Finanzierungsrisiko abbildet:

$$k^{EK,l} = i + (r^M - i) \cdot \beta$$

Der β-Faktor ist das Verhältnis der Kovarianz der Rendite des betrachteten Unternehmens mit der Rendite des Marktportfolios im Verhältnis zur Varianz der Rendite des Marktportfolios:

$$\beta = \frac{Cov\ (r^{EK}(1), r^{M})}{Var(r^{M})}$$

Ein β-Faktor größer als 1 bedeutet ein im Vergleich zum Marktportfolio überdurchschnittliches Risiko.

BEISPIEL 8-3

Es gilt: $i = 10\ \%, r^{M} = 13{,}125\ \%, \beta = 1{,}6$.

Gemäß CAPM ergibt sich der risikoangepasste Eigenkapitalkostensatz des verschuldeten Unternehmens als:

$$k^{EK,1} = 0{,}1 + (0{,}13125 - 0{,}1) \cdot 1{,}6 = 0{,}15$$

8.3 Wertorientierte Kennzahlen

Economic Value Added (EVA)

Der Economic Value Added EVA gibt an, welcher Betrag in einer Periode über die Kapitalkosten hinaus erwirtschaftet wurde. Es handelt sich um eine Residualgewinngröße, die den Periodengewinn nach (kalkulatorischen) Kapitalkosten auf das in einer Periode gebundene Kapital ermittelt. Im Sinne des Free-Cashflow-Verfahrens werden die Periodengewinne als Net Operating Profits Less Adjusted Taxes ermittelt (NOPLAT = Gewinne nach [fiktiven] Steuern unter der Annahme einer reinen Eigenkapitalfinanzierung). Die Kapitalkosten ergeben sich aus der Multiplikation des gewichteten und steuerangepassten Kapitalkostensatzes k^{FCF} mit dem gebundenen Kapital KB:

$$EVA = NOPLAT - k^{FCF} \cdot KB$$

Mithilfe der Rentabilitätskennzahl $ROI = \frac{NOPLAT}{KB}$ (siehe allgemein zum ROI auch Kapitel 3.5) lässt sich der EVA auch als Überrendite bzw. »Spread« (ROI – k^{FCF}) auf das gebundene Kapital ermitteln:

$$EVA = (ROI - k^{FCF}) \cdot KB$$

Cash Value Added (CVA)

Der CVA ist ebenfalls eine Residualgewinngröße, die jedoch nicht auf Basis von kalkulatorischen Erfolgsgrößen, sondern auf Basis von Zahlungsüberschüssen ermittelt wird. Ausgangspunkt sind Cashflows, die in jeder Periode um die gleichbleibende Ökonomische Abschreibung ÖA (Annuität, die unter Berücksichtigung von Zinseffekten zum Ende der Nutzungsdauer T den anfänglichen Auszahlungsbetrag I erbringt; siehe zur Annuität auch Kapitel 5.2) und konstante Kapitalkosten auf das anfänglich investierte Kapital I reduziert werden. Verwendet man die Free Cashflows als Zahlungsüberschuss und den WACC-Kapitalkostensatz k^{FCF}, so gilt:

$$CVA = FCF - ÖA - k^{FCF} \cdot I$$

$$\text{mit } ÖA = I \cdot \frac{k^{FCF}}{(1 + k^{FCF})^T - 1}$$

Mithilfe der Rentabilitätskennzahl Cashflow Return on Investment $CFROI = \frac{FCF - ÖA}{I}$ lässt sich der CVA auch wie folgt ermitteln:

$$CVA = (CFROI - k^{FCF}) \cdot I$$

Market Value Added

Der Market Value Added MVA ergibt sich aus der Diskontierung der EVA. Er entspricht dem Marktwert der zukünftigen Zahlungsüberschüsse abzüglich des anfänglichen Auszahlungsbetrags I:

$$MVA = \sum_{t=1}^{T} \frac{EVA_t}{\left(1 + k^{FCF}\right)^t} + \frac{EVA}{k^{FCF}} \cdot \frac{1}{\left(1 + k^{FCF}\right)^T} = MW - I$$

Im Falle der Bewertung eines Projekts mit begrenzter Laufzeit lässt sich der MVA auch auf Basis der CVA ermitteln:

$$MVA = \sum_{t=1}^{T} \frac{CVA_t}{\left(1 + k^{FCF}\right)^t}$$

BEISPIEL 8-4

Für das in Beispiel 8-1 geplante strategische Projekt muss eine Anfangsauszahlung I = 600 getätigt werden, die über 3 Jahre linear abgeschrieben wird. Die Kapitalbindung KB zu Beginn einer jeden Periode entwickelt sich daher wie folgt:

Periode	1	2	3
KB	600	400	200

Unter der Annahme, dass sich die Cashflows und die buchmäßigen Periodenerfolgsgrößen nur durch die Abschreibungen voneinander unterscheiden, gelten folgende Residualgewinngrößen:

Periode	1	2	3
FCF	200	300	400
– Abschreibungen	200	200	200
= NOPLAT	0	100	200
– $k^{FCF} \cdot KB$	–71	–47	–24
= EVA	–71	53	176

Periode	1	2	3
FCF	200	300	400
– Ökon. Abschreibungen	–178	–178	–178
– $k^{FCF} \cdot I$	–71	–71	–71
= CVA	–49	51	151

Der MVA ergibt sich durch Diskontierung der EVA bzw. CVA bzw. aus dem Marktwert abzüglich der Anfangsauszahlung:

$$MVA_{EVA} = \frac{-71}{1{,}118} + \frac{53}{1{,}118^2} + \frac{176}{1{,}118^3} = 105$$

$$MVA_{CVA} = \frac{-49}{1{,}118} + \frac{51}{1{,}118^2} + \frac{151}{1{,}118^3} = 105$$

$$MVA = MW - I = 705 - 600 = 105$$

Quellenhinweise

1 Material und Produktion

Ewert, Ralf/Wagenhofer, Alfred (2008): Interne Unternehmensrechnung, 7. Aufl., Berlin 2008

Schierenbeck, Henner/Wöhle, Claudia (2012): Grundzüge der Betriebswirtschaftslehre, 18. Aufl., München 2012

Vahs, Dietmar/Schäfer-Kunz, Jan (2012): Einführung in die Betriebswirtschaftslehre, 6. Aufl., Stuttgart 2012

2 Kosten- und Erlösrechnung

Coenenberg, Adolf G./Fischer, Thomas M./Günther, Thomas (2009): Kostenrechnung und Kostenanalyse, 7. Aufl., Stuttgart 2009.

Ewert, Ralf/ Wagenhofer, Alfred (2008): Interne Unternehmensrechnung, 7. Aufl., Berlin 2008.

Schierenbeck, Henner/Wöhle, Claudia (2012): Grundzüge der Betriebswirtschaftslehre, 18. Aufl., München 2012.

Schildbach, Thomas/Homburg, Carsten (2009): Kosten und Leistungsrechnung, 10. Aufl., Stuttgart 2009.

Vahs, Dietmar/Schäfer-Kunz, Jan (2012): Einführung in die Betriebswirtschaftslehre, 6. Aufl., Stuttgart 2012.

3 Jahresabschluss / Bilanzanalyse

Althoff, Frank (2012): Einführung in die internationale Rechnungslegung – Die einzelnen IAS/IFRS, Wiesbaden 2012.

Baetge, Jörg/Kirsch, Hans-Jürgen/Thiele, Stefan (2012): Bilanzen, 12. Aufl., Düsseldorf 2012.

Baetge, Jörg/Kirsch, Hans-Jürgen/Thiele, Stefan (2004): Bilanzanalyse, 2. Aufl., Düsseldorf 2004.

Buschhüter, Michael/Striegel, Andreas (Hrsg.) (2011): Kommentar Internationale Rechnungslegung IFRS, Wiesbaden 2011.

Deutsches Rechnungslegungs Standards Committee e.V.: DRS 2 Kapitalflussrechnung.

Ellrott, Helmut/Förschle, Gerhart/Grottel, Bernd/Kozikowski, Michael/Schmidt, Stefan/Winkeljohann, Norbert (Hrsg.) (2012): Beck'scher Bilanz-Kommentar – Handels- und Steuerbilanz, 8. Aufl., München 2012.

Gelhausen, Hans Friedrich/Fey, Gerd/Kämpfer, Georg (2009): Rechnungslegung und Prüfung nach dem Bilanzrechtsmodernisierungsgesetz, Düsseldorf 2009.

Institut der Wirtschaftsprüfer in Deutschland e.V. (2013): IDW RS HFA 34, Einzelfragen zur handelsrechtlichen Bilanzierung von Verbindlichkeitsrückstellungen, IDW FN 1/2013, S. 53 ff.

Kozikowski, Michael/Roscher, Klaus (2012): § 253 HGB, in: Beck'scher Bilanz-Kommentar – Handels- und Steuerbilanz, 8. Aufl., München 2012.

Küting, Karlheinz/Weber, Claus-Peter (2012): Die Bilanzanalyse – Beurteilung von Abschlüssen nach HGB und IFRS, 10. Aufl., Stuttgart 2012.

Pellens, Bernhard/Fülbier, Rolf Uwe/Gassen, Joachim/Sellhorn, Thorsten (2011): Internationale Rechnungslegung, 8. Aufl., Stuttgart 2011.

4 Finanzierung

Becker, Hans Paul (2010): Investition und Finanzierung, Grundlagen der betrieblichen Finanzwirtschaft, 4. Aufl., Wiesbaden 2010.

Enthofer, Hannes/Haas, Patrick (Hrsg.) (2011): Handbuch Treasury, Praxiswissen für den Geld- und Kapitalmarkt, Wien 2011.

Däumler, Klaus-Dieter/Gräbe, Jürgen (2008): Betriebliche Finanzwirtschaft, 9. Aufl., Hamm 2008.

Eayrs, Willis E./Ernst, Dietmar/Prexl, Sebastian (2011): Corporate Finance Training, Planung, Bewertung und Finanzierung von Unternehmen, 2. Aufl., Stuttgart 2011.

Krause, Hans-Ulrich/Arora, Dayanand (2010): Controlling-Kennzahlen – Key Performance Indicators, 2. Aufl., München 2010.

Olfert, Klaus (2011): Finanzierung, 15. Aufl., Herne 2011.

Vahs, Dietmar/Schäfer-Kunz, Jan (2012): Einführung in die Betriebswirtschaftslehre, 6. Aufl., Stuttgart 2012.

Wöhe, Günter/Döring, Ulrich (2008): Einführung in die Allgemeine Betriebswirtschaftslehre, 23. Aufl., München 2008.

Wolf, Birgit/Hill, Mark/Pfaue, Michael (2011): Strukturierte Finanzierungen, Grundlagen des Corporate Finance, Technik der Projekt- und Buy-out-Finanzierung, Asset-Backed-Strukturen, 2. Aufl., Stuttgart 2011.

5 Investition

Becker, Hans Paul (2010): Investition und Finanzierung, Grundlagen der betrieblichen Finanzwirtschaft, 4. Aufl., Wiesbaden 2010.

Däumler, Klaus-Dieter/Gräbe, Jürgen (2008): Betriebliche Finanzwirtschaft, 9. Aufl., Hamm 2008.

Kruschwitz, Lutz (2009): Investitionsrechnung, 12. Aufl., München 2009.

Vahs, Dietmar/Schäfer-Kunz, Jan (2012): Einführung in die Betriebswirtschaftslehre, 6. Aufl., Stuttgart 2012.

Wöhe, Günter/Döring, Ulrich (2008): Einführung in die Allgemeine Betriebswirtschaftslehre, 23. Aufl., München 2008.

6 Marketing

Becker, Jochen (2009): Marketing-Konzeption, Grundlagen des ziel-strategischen und operativen Marketing-Managements, 9. Aufl., München 2009.

Krause, Hans-Ulrich/Arora, Dayanand (2010): Controlling-Kennzahlen – Key Performance Indicators, 2. Aufl., München 2010.

Meffert, Heribert/Burmann, Christoph/Kirchgeorg, Manfred (2012): Marketing, Grundlagen marktorientierter Unternehmensführung, 11. Aufl., Wiesbaden 2012.

Schneider, Willy/Henning, Alexander (2008): Lexikon Kennzahlen für Marketing und Vertrieb, 2. Aufl., Berlin 2008.

Vahs, Dietmar/Schäfer-Kunz, Jan (2012): Einführung in die Betriebswirtschaftslehre, 6. Aufl., Stuttgart 2012.

Zerres, Christopher/Zerres, Michael P. (Hrsg.) (2005): Handbuch Marketing-Controlling, 3. Aufl., Berlin 2005.

7 Personal

Hafner, Roger/Polanski, André (2008): Kennzahlenhandbuch für das Personalwesen – Die wichtigsten Kennzahlen für die Personalpraxis mit Hintergrundinformationen, Umsetzungs-, Entscheidungs-, Interpretations- und Analysehilfen und Maßnahmenvorschlägen, Zürich 2008.

Havighorst, Frank (2006): Personalkennzahlen, Düsseldorf 2006.

Vahs, Dietmar/Schäfer-Kunz, Jan (2012): Einführung in die Betriebswirtschaftslehre, 6. Aufl., Stuttgart 2012.

8 Wertorientiertes Controlling

Coenenberg, Adolf G./Fischer, Thomas M./Günther, Thomas (2009): Kostenrechnung und Kostenanalyse, 7. Aufl., Stuttgart 2009.

Ewert, Ralf/ Wagenhofer, Alfred (2008): Interne Unternehmensrechnung, 7. Aufl., Berlin 2008.

Schierenbeck, Henner/Wöhle, Claudia (2012): Grundzüge der Betriebswirtschaftslehre, 18. Aufl., München 2012.

Weber, Jürgen/Schäffer, Utz (2011): Einführung in das Controlling, 13. Aufl., Stuttgart 2011.

Stichwortverzeichnis

Lehrbücher bei Schäffer-Poeschel
Wissen lebendiger vermittelt
www.schaeffer-poeschel.de/Mehr_Lehrbuch
www.schaeffer-poeschel.de/Grundlagen_VWL
www.schaeffer-poeschel.de/Grundlagen_BWL
N. Gregory Mankiw
Makroökonomik
6. Auflage
SCHÄFFER POESCHEL
Mankiw/Taylor
Grundzüge der Volkswirtschaftslehre
5. Auflage
SCHÄFFER POESCHEL
SCHÄFFER POESCHEL